智能建造应用与实训系列

3D 打印建造技术实训教程

主　编　纪颖波　徐卫国

副主编　姚福义　杨思忠

参　编　任成传　卢　造　李燕姚　叶建东　于明丽
　　　　宋小软　白玉星　刘　康　宋志飞　李可娜
　　　　郭冠之　刘雨萌　齐　园　佟文晶　韩佳璇
　　　　冷阳阳　胡鸿飞　滕厚群　周晓嵩　刘雯婧
　　　　李　灿　刘雪熠　盖奕豪

机械工业出版社
CHINA MACHINE PRESS

本书从理论、实践和应用三大部分，共分成六章，详细讲解了3D打印建造技术的基本原理与实践应用。本书前四章为理论篇，第1章对3D打印建造技术进行了概述，内容涵盖基本概念、发展历程及趋势、技术原理及优势、工程技术应用情况和技术发展面临的挑战；第2～4章则分别从常见工艺方法及流程、主要材料及性能特点和通用处理技术三个方面做了详细介绍。本书的第5章为实践篇，内容以工程实际案例介绍为主，包括项目简介、技术应用情况、打印建造过程和技术应用评价。最后一章为应用篇，从当前3D打印建造技术应用的三个主要方面展开，包括构件生产沙盘、构件生产管理系统和原位3D打印建造项目实训，详细介绍了各类技术应用的实训流程。

本书内容系统全面、图文并茂，层次由浅入深，适合作为高等院校、专科院校及职业学校的3D打印建造技术、快速成型与装配式建筑技术及管理、智能建造等相关课程的教材，也可以作为从事3D打印建筑产品设计人员和工程技术人员的参考资料。

图书在版编目（CIP）数据

3D打印建造技术实训教程/纪颖波，徐卫国主编. —北京：机械工业出版社，2024.1
（智能建造应用与实训系列）
ISBN 978-7-111-74190-9

Ⅰ.①3… Ⅱ.①纪… ②徐… Ⅲ.①快速成型技术–教材 Ⅳ.①TB4

中国国家版本馆CIP数据核字（2023）第210414号

机械工业出版社（北京市百万庄大街22号 邮政编码100037）
策划编辑：薛俊高　　　　　　责任编辑：薛俊高 范秋涛
责任校对：潘 蕊 李 婷　　　封面设计：张 静
责任印制：任维东
北京中兴印刷有限公司印刷
2024年1月第1版第1次印刷
184mm×260mm·8.25印张·158千字
标准书号：ISBN 978-7-111-74190-9
定价：35.00元

电话服务　　　　　　　　　网络服务
客服电话：010-88361066　　机 工 官 网：www.cmpbook.com
　　　　　010-88379833　　机 工 官 博：weibo.com/cmp1952
　　　　　010-68326294　　金 书 网：www.golden-book.com
封底无防伪标均为盗版　　机工教育服务网：www.cmpedu.com

前　言

改革开放以来，我国工程建设取得了巨大成就，阿卡迪全球建筑资产财富指数表明，中国建筑资产规模已超过美国成为全球建筑规模最大的国家。然而，我国是建造大国，还不是建造强国，碎片化、粗放式的建造方式带来了产品性能欠佳、资源浪费较大、质量安全问题突出、生产效率低下等系列问题。同时，高速城镇化进程下的大建造，社会经济发展的新需求使得工程建造活动日趋复杂，亟须把握现代信息技术发展的新一轮科技改革机遇，提升建设行业的建造和管理水平，从粗放式、碎片化向精细化、集成化的建造方式转型升级，实现工程建造的高质量发展。

3D打印建造技术源于美国学者Joseph Pegna提出的一种适用于水泥材料逐层累加并选择性凝固的自由形态构件的建造方法，作为新型数字建造技术，是我国建筑业建造方式转型升级的一种有效解决途径。住建部发布《2016—2020年建筑业信息化发展纲要》，提出"积极开展建筑业3D打印设备及材料的研究""结合BIM技术应用，探索3D打印技术运用于建筑部品、构件生产，开展示范应用"。3D打印建造技术能够有效解决建筑传统施工中存在的手工作业多、模板用量大、复杂造型难以实现等问题，并且在建筑个性化设计、智能化建造等方面具有显著优势，目前我国整体尚处于起步阶段。国内高校、研究院所联合建筑单位正在研制和开发系列3D打印建造技术，并从建造逻辑、结构形式、建造技术方面与传统建造方式进行比对，从理论和实践上综合分析论证了3D打印建造技术的可行性和应用趋势。

本书由北方工业大学纪颖波教授、清华大学徐卫国教授任主编，北方工业大学姚福义、北京市住宅产业化集团股份有限公司杨思忠任副主编，其他参编人员还包括北京市燕通建筑构件有限公司任成传和卢造，北方工业大学宋小软、白玉星、齐园和叶建东等。本书在编写过程中，参考了许多其他相关领域的书籍和论著，在此为了行文方便不再逐一注明，特向相关作者表示诚挚的谢意。

由于认识局限、水平有限，编者对3D打印建造的理解难免存在偏差，甚至错漏之处，恳请读者批评指正。

编　者

目　　录

前言

第1章　概述 ... 1
1.1　3D打印建造技术 ... 2
1.1.1　3D打印技术的产生 ... 2
1.1.2　3D打印建造技术的定义 ... 3
1.1.3　3D打印建造技术的原理及系统构成 ... 6
1.1.4　3D打印建造技术的技术优势 ... 8
1.2　3D打印建造技术发展历程 ... 9
1.2.1　3D打印技术的发展 ... 9
1.2.2　国外3D打印建造技术的发展历史 ... 11
1.2.3　国内3D打印建造技术的发展历史 ... 12
1.2.4　3D打印建造技术的发展趋势 ... 13
1.3　3D打印建造技术在建筑工程中的应用 ... 15
1.3.1　原位3D打印建筑 ... 15
1.3.2　装配式3D打印建筑 ... 15
1.3.3　其他工程领域的应用 ... 16
1.4　3D打印建造技术的挑战 ... 19
1.4.1　设备与打印方式还不够成熟 ... 19
1.4.2　打印材料性能不足 ... 20
1.4.3　行业建设标准不够完善 ... 20
1.4.4　行业验收不够完善 ... 20
1.4.5　高层建筑打印有局限 ... 21
思考题 ... 21

第2章　3D打印建造技术常见工艺方法及流程 ... 22
2.1　3D打印建造技术工艺梳理分析 ... 22

2.2 基于混凝土分层喷挤叠加方法 ········· 24
2.2.1 轮廓工艺 ········· 24
2.2.2 轮廓工艺-带缆索（桁架）系统 ········· 26
2.2.3 混凝土熔融沉积（FDC）技术 ········· 26
2.3 基于砂石粉末分层粘合叠加方法 ········· 28
2.3.1 D型 ········· 28
2.3.2 数字异形体 ········· 29
2.4 大型机械臂驱动的材料三维构造建造方法 ········· 30
2.4.1 砖块堆叠 ········· 30
2.4.2 展亭编织 ········· 30
2.5 3D打印建造技术应用的一般流程 ········· 31
2.5.1 3D打印建造系统基本组成 ········· 32
2.5.2 原材料储存 ········· 33
2.5.3 混凝土制备与输送 ········· 34
2.5.4 打印 ········· 35
2.5.5 养护 ········· 36
思考题 ········· 37

第3章 3D打印建造的材料 ········· 38
3.1 3D打印建造的主要材料 ········· 38
3.1.1 普通砂浆 ········· 38
3.1.2 纤维砂浆 ········· 40
3.1.3 再生砂浆 ········· 41
3.1.4 含粗骨料混凝土 ········· 42
3.2 混凝土强度设计 ········· 43
3.2.1 混凝土强度影响因素 ········· 43
3.2.2 配置强度设计 ········· 44
3.2.3 设计参数 ········· 46
3.2.4 配合比计算与调整 ········· 47
3.3 打印材料的性能特点及要求 ········· 48
思考题 ········· 50

第4章　3D打印建造的处理技术 ... 51

4.1　3D建模方法 ... 51
4.1.1　建模概述 ... 51
4.1.2　计算机软件辅助设计的三维模型构造 ... 52
4.1.3　反求工程设计的三维模型构造 ... 53
4.1.4　常见3D建模软件介绍 ... 55

4.2　3D模型的STL格式化数据处理 ... 56
4.2.1　STL格式文件规则 ... 56
4.2.2　数据转换及传输 ... 56
4.2.3　STL格式文件的错误和纠错软件 ... 57

4.3　3D模型的分层切片处理 ... 59
4.3.1　成型方向选择 ... 59
4.3.2　主要切片方式 ... 60
4.3.3　切片工作流程 ... 61
4.3.4　常见切片处理软件介绍 ... 62

4.4　层片路径规划 ... 62
4.4.1　路径规划的早期探索 ... 62
4.4.2　常见的路径规划类型 ... 63
4.4.3　路径规划问题概述 ... 64
4.4.4　路径规划基础算法 ... 64
4.4.5　填充路径生成算法 ... 65
4.4.6　常见规划软件 ... 68

4.5　加工与后处理 ... 68
4.5.1　设备准备 ... 68
4.5.2　打印加工 ... 68
4.5.3　成型后处理 ... 69

思考题 ... 69

第5章　3D打印建造技术的应用案例 ... 70

5.1　武家庄混凝土农宅3D打印项目 ... 70
5.1.1　项目简介 ... 70
5.1.2　技术应用情况 ... 71

		5.1.3 打印建造过程	74
		5.1.4 技术应用评价	76
5.2	智慧湾3D打印混凝土步行桥项目		76
		5.2.1 项目简介	76
		5.2.2 技术应用情况	76
		5.2.3 打印建造过程	78
		5.2.4 技术应用评价	79
5.3	智慧湾3D打印混凝土书屋项目		80
		5.3.1 项目简介	80
		5.3.2 技术应用情况	81
		5.3.3 打印建造过程	81
		5.3.4 技术应用评价	83
5.4	深圳国际会展中心3D打印混凝土公园项目		83
		5.4.1 项目简介	83
		5.4.2 技术应用情况	84
		5.4.3 打印建造过程	86
		5.4.4 技术应用评价	88
5.5	北京城市副中心住房预制构件制作项目		89
		5.5.1 项目简介	89
		5.5.2 技术应用情况	89
		5.5.3 构件生产过程	91
		5.5.4 技术应用评价	95
思考题			95

第6章 3D打印建造技术的工程实训 … 96

6.1	预制构件生产沙盘实训		96
		6.1.1 实训沙盘介绍	97
		6.1.2 原材料准备	99
		6.1.3 构件加工	100
		6.1.4 构件养护	103
		6.1.5 构件储运	104
		6.1.6 构件吊装	104

6.2 预制构件生产管理系统实训 ·· 104
6.2.1 实训系统介绍 ·· 105
6.2.2 图样深化及工期确认 ·· 106
6.2.3 构件及物料需求准备 ·· 107
6.2.4 构件制作与质量管理 ·· 110
6.2.5 构件储运与出库交付 ·· 113
6.3 原位 3D 打印建造项目实训 ·· 115
6.3.1 3D 模型构建 ·· 115
6.3.2 STL 格式化数据处理 ·· 116
6.3.3 分层切片处理 ·· 117
6.3.4 层片打印路径规划 ·· 118
6.3.5 打印及养护 ·· 118
思考题 ·· 119

参考文献 ·· 120

第1章 概　　述

> **本章重点**

1. 了解3D打印建造技术的产生、发展历程、发展趋势和面临的挑战
2. 掌握3D打印建造技术的内涵、原理及技术特点
3. 了解3D打印建造技术在建筑工程中的主要应用领域

> **本章难点**

1. 区别与联系3D打印技术及3D打印建造技术的内涵
2. 掌握3D打印建造技术的发展特点

现代信息技术快速发展，信息化和数字化是社会各行业发展的必然趋势，全世界正面临着"第三次工业革命"的浪潮。"3D打印技术"作为数字化技术中的新生力量，各行业领域已开始探索应用。

具有造型独特、轻质高强、绿色环保等特点且功能丰富的新型建筑在社会发展和人们工作生活中被迫切需要，传统的高消耗、投入产出比和生产效率低的生产方式已难以适用。由于传统建造工具和技术手段的局限，建造方式长期处于缺乏创新突破的困境中，导致一是建筑师们对建筑三维构造形式的天马行空的想象力和创造力难以付诸实践，二是粗放的建造技术给环境带来严重破坏，资源消耗和浪费较大。近年来，3D打印建造技术的快速发展极大地改变了建筑业的生产方式，其数字化、自动化的技术优势为建筑业带来了前所未有的变革。

3D打印建造技术通常分为两种类型：一是建筑施工原位3D打印，即在建筑物设计的位置，通过3D打印来建造建筑物；二是装配式3D打印预制构件生产，即在工厂内加工处理后运输到施工工地，通过可靠连接方式装配而成建筑物。

1.1 3D打印建造技术

1.1.1 3D打印技术的产生

3D打印技术兴起于20世纪80年代，是一种应用离散堆积原理的新型制造技术，其技术前身是美国科学家Chuck Hull在1986年发明的一种名为"光固化（SLA）"的技术，此项技术利用UV激光束逐层扫描和固化光敏树脂，制造三维模型。1988年，美国3D Systems公司推出世界上第一台基于SLA技术的工业级打印机——SLA-250。从此，3D打印技术开始快速发展并在各行业领域广泛应用。

3D打印技术又称增材制造（Additive Construction），是一种自下而上材料累加的制造工艺，即在空白的三维空间区域内，使用特定的熔融材料进行逐层顺序堆叠，且每个堆叠层都在打印机或微处理器的精确控制下实施，包括喷吐熔融材料的数量、喷吐方向和喷吐形状，直至形成预期成品。

3D打印技术原理与普通打印工作原理类似，即通过预设程序、CAD数字模型文件确定打印目标物，运用计算机自动控制技术并采用激光束、喷粉等合适方式将打印材料通过逐层堆叠、层层打印的方式构造实体，最终实现将计算机中的设计蓝图变成立体实物，具有数字化、智能化、机械自动化等特点，技术示意如图1-1所示。相对于传统的减材制造技术（如切削等），该技术受传统工艺加工难或无法加工的限制较小，极大程度地缩短了具有复杂结构产品的加工周期。

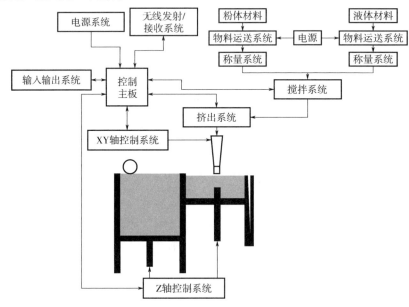

图1-1 3D打印技术示意

3D 打印技术成型工艺目前主要分为基于激光或高能量面密度热源的成型技术和基于喷射的成型技术两类。成型工艺细分类型见表 1-1。

表 1-1 成型工艺细分类型

成型工艺	代表性公司	材料	市场
光固化成型	3D Systems（美国） Envisiontec（德国）	光敏聚合材料	成型制造
材料喷射	Object（以色列） 3D Systems（美国） Solidscape（美国）	聚合材料、蜡	成型制造 铸造模型
胶粘剂喷射	3D Systems（美国） ExOne（美国） Voseljet（德国）	聚合材料、金属、铸造砂	成型制造 压铸模具 直接零部件制造
熔融沉积制造 选择性激光烧结	Stratasys（美国） EOS（德国） 3D Systems（美国） Arcam（瑞典）	聚合材料 聚合材料、金属	成型制造 直接零部件制造
片层压	Fabrisonic（美国） Mcor（爱尔兰）	纸、金属	成型制造 直接零部件制造
定向能量沉积	Optomec（美国） POM（美国）	金属	修复 直接零部件制造

此外，随着 3D 打印技术的不断发展和改进，涉及的材料种类不断增加，技术原理和应用领域更加多样化。目前，3D 打印技术已经成为一种快速、低成本、高效率的制造工艺，被广泛应用于建筑工业制造、医疗保健、教育、艺术和设计等领域。

1.1.2 3D 打印建造技术的定义

1. 建筑 3D 打印概述

建筑 3D 打印最早由美国学者 Joseph Pegna 于 1997 年提出，是一种适用于水泥材料逐层累加并选择性凝固的自由形态构件的建造方法。同年，美国南加州大学 Behrokh Khoshnevis 博士提出用 3D 打印技术制造建筑物的方案，并将该技术命名为 Contour Crafting（轮廓成型工艺），主要依靠一个由巨型的三维挤出机械及配套的电子控制装置、支持软件等组成的设备直接打印建筑物，该工艺是新颖想法和成熟技术的完美结合，突破了常规建筑结构，开启了 3D 打印技术与建筑行业相结合的新时期，而其本人也被称为世界 3D 建筑打印之父。十年后，英国 Monolite 公司于 2007 年推出一种新的建筑 3D 打印技术"D 型（D-shape）"，采用胶粘剂选择性硬化每层砂砾粉末并逐层累加形成整体。次年，英国拉夫堡大学 Richard Buswell 教授提出了另一种喷挤叠加混凝土的打印工艺，即"混凝土打印（Concrete Printing）"，并且具有较高的三维自由度和较小的堆积分辨率。在后续十年时间里，国内外学者对这种新的建造方式进行了大量的研究探索工作，本书则主要针对混凝土打印技术进行阐述。

目前建筑 3D 打印的代表性工艺主要有三种，分别为轮廓打印工艺、混凝土打印工艺和粉末式打印工艺（D-shape），如图 1-2 ~ 图 1-4 所示，不同工艺侧重不同，但其核心原理基本一致，均为通过逐层累加成型。工艺情况对比见表 1-2。总体来说，混凝土打印工艺与轮廓打印工艺相仿，均采用挤出成型的工艺；而混凝土打印工艺因具有优异的可加工性、可挤出性和可建造性，成为水泥基 3D 打印材料的最佳工艺之一。

图 1-2 轮廓打印工艺

图 1-3 混凝土打印工艺

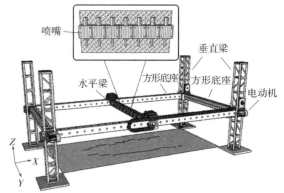

图 1-4 粉末式打印工艺

表 1-2 3D 打印建造代表性工艺

工艺	操作过程	工艺特点	代表性应用
轮廓打印工艺	通过挤压形成外部轮廓，再经过挤压浇筑或注入填充内部孔隙	工艺原理及操作简单可靠	打印房屋、桥梁、公共设施，还被美国航天局用于建造外星球太空基地
混凝土打印工艺	通过喷嘴挤出浆体并自身堆积制备整个构件	能够灵活控制内部和外部形状，实现结构自由	打印房屋、桥梁、公共设施，还被用于历史和文化遗产保护，比如我国的 3D 打印石窟

(续)

工艺	操作过程	工艺特点	代表性应用
粉末式打印工艺	将粉末材料铺成一定厚度的粉末层,再喷射胶粘剂,使粉末相粘结,然后再铺一层粉末层,不断重复完成制造	工艺精确度高,但原理较复杂,对设备及原材料性能要求较高	打印了高1.6 m的雕塑,并对月壤建造月球基地进行了研究

2. 3D打印建造技术

3D打印建造技术是在3D打印技术的基础上发展起来的一种采用挤出堆叠工艺实现混凝土免模板成型的建造技术,通过将混凝土原材料加工成特定的黏稠状或流动性状的材料,由计算机控制的打印设备通过逐层积累的方式将其精确地堆叠成所需的三维形状。3D打印建造属于免模板的施工工艺,通过打印头挤出成型后的混凝土既是结构主体,其自身就相当于一层混凝土模板。如果打印的结构为中空,待打印混凝土硬化后可以填充普通混凝土或砂浆等其他材料,外层打印的混凝土则会成为免拆的永久性模板。该技术利用计算机辅助设计(CAD)和计算机辅助制造(CAM)软件,可以实现复杂、精细和定制化的混凝土结构制作。

根据打印机位置与目标建筑地址的关系,3D打印建造技术可分为两种:原位3D打印技术和装配式3D打印技术。两种打印方式都用到了3D打印建筑设备,即3D建筑打印机,其构成主要有硬件设备与软件系统,如图1-5、图1-6所示。

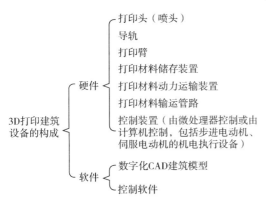

图1-5 3D打印建筑设备的构成

图1-6 3D打印建造机械装置

原位3D打印是指在目标建筑地址现场使用3D打印机进行整体式打印,将混凝土材料通过3D打印机喷射出来,在空气中逐渐固化而一次性打印形成整个建筑,具体流程如图1-7所示。该技术通常使用滑移式打印机,可以在建筑施工过程中直接打印出建筑构件,避免了预制构件的运输和安装等步骤。装配式3D打印是将3D打印技术与装配式建筑相结合,通过将不同类型的预制构件在工厂内采用流水线或固定模台工艺打印出来,并通过车辆储运至现场进行组装的方式,具体流程如图1-8所示。该技术的优点包括灵活、可定制化程度高、可完成复杂度高的建筑结构等,但也存在装配精度较低、构件尺寸受限等缺点。此外,预制板等内外墙板可以直接打印出不同的肌理而不需要后期美化加工,也给建筑外观带来了新的可能。

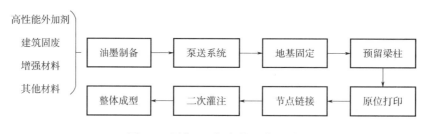

图1-7 原位3D打印施工流程图

图1-8 装配式3D打印施工流程图

a) 图样深化 b) 开始打印 c) 打印墙体 d) 墙体成品 e) 打好地基 f) 运输 g) 吊装 h) 局部灌注

1.1.3 3D打印建造技术的原理及系统构成

1. 技术原理

3D打印建造技术是在3D打印技术的基础上发展起来并应用于混凝土施工的新技术。其主要工作原理是利用三维软件将建筑图形设计模型转化成三维的打印路径,利用预设置的打印系统,将配置好的混凝土浆通过喷嘴挤压出来,根据混凝土的不同性能精确布料,逐层叠加累计成型,最后得到所设计的混凝土组件。因此3D打印建造技术又称为混凝土增材建造技术。

3D 打印建造技术作为新型数字建造技术，集成了计算机技术、数控技术、材料成型技术等，采用材料分层叠加的基本原理，由计算机获取三维建筑模型的形状、尺寸及其他相关信息，并对其进行一定优化处理，按某一方向（通常为 Z 向）将模型分解成具有一定厚度的层片文件（包含二维轮廓信息），然后对层片文件进行检验或修正并生成正确的数控程序，最后由数控系统控制机械装置按照指定路径运动实现建筑物或构筑物的自动建造，如图 1-9 所示。3D 打印建造本质上是综合利用管理、材料、计算机与机械等工程技术的特定组合完成工程建造的技术，与传统建造方式相比，其诸多优势与建筑工业化理念不谋而合，例如大大降低建造成本、缩短生产建设周期、易于批量生产和个性化定制等，也因此成为实现建筑工业化的重要技术基础。

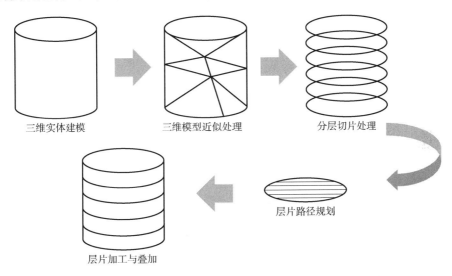

图 1-9　建筑 3D 打印技术的基本原理

（1）三维模型建立与近似处理　通常有两种建模方法：一是通过建筑参数化建模软件（如 Revit、3dmax 等）直接建模；二是利用逆向反求工程（如三维扫描等），通过点云数据构造三维模型。之后，应用专业软件将三维模型导出为特定的近似模拟文件，如 STL 格式文件等，为后续工作做好准备。

（2）模型切片与路径规划　将三维模型模拟文件导入建筑 3D 打印数控系统，系统对模型进行处理：一是用一系列平行、等间距的二维模型进行拟合，即分层切片处理；二是将切片得到的层片轮廓转化为打印喷嘴的运行填充路径，即层片路径规划。经过上述两步处理生成机械运动指令。

（3）模型层片加工与叠加　打印喷头在建筑 3D 打印数控系统的控制下按照规划好的路径进行打印，然后层层叠加，得到最终建筑产品。

2. 系统构成

3D打印建造系统主要由混凝土输料系统、混凝土布料系统、打印路径规划系统及控制系统组成,如图1-10所示。通过既定设计软件统一规划设定打印流程。首先,混凝土输料系统、混凝土布料系统按照具有特定组成设计的混凝土材料组分搅拌完成并泵送至打印喷头;其次,打印路径控制系统接受行走指令后按既定行走路径挤出材料;最后,三个系统在计算机控制下协同工作,实现施工过程的智能化。此外,目前3D打印建造系统加入了实时监测系统,可以实时监测打印喷头处可打印混凝土材料的输送量,保证混凝土打印时挤出不堵塞及打印的连续性。

与传统的建造施工形式相比,随着3D打印建造技术的快速发展,其在应用于复杂结构时有望实现能耗更少,并且可以根据实际工作条件对建筑结构进行优化。随着3D打印建造技术的大规模应用和推广,可以有效地减少建筑施工过程中材料、人员、机械的投入,促进数字化和智能建筑施工技术的发展。

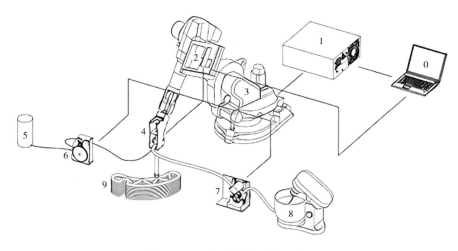

图1-10 3D打印建造系统示意图

0—系统指令 1—计算机控制器 2—打印控制器 3—机械臂 4—打印头 5—促进剂
6—促进剂泵送器 7—预拌混凝土泵送器 8—混凝土搅拌机 9—打印对象

1.1.4 3D打印建造技术的技术优势

3D打印建造技术相比传统的混凝土施工技术具有以下优势:

(1)节约材料和成本 3D打印建造技术通过选用触变性好、凝结时间可控和强度发展快的混凝土,可实施无模板布料逐层堆叠成型,实现在数字化设计的基础上直接打印构件,具有建筑工期短、劳动力少、劳工成本低、可充分利用建筑垃圾等优点。此外,相比于传统的建筑,3D打印建筑一次成型,有效避免了由于返工和因尺寸差别而导致的材料切割浪费，节约了大量材料和人工成本。

（2）提高施工效率　传统混凝土施工需要多次浇筑和养护，工期长。而3D打印建造技术可以一次性完成构件打印，极大地提高了施工效率，且目前打印机可在24h内进行10栋200m²的单层建筑建造。

（3）施工质量和精度高　3D打印建造技术可以实现数字化设计和精确控制，避免了传统混凝土施工中由于人工操作和环境等因素带来的误差和不一致性，提高了施工质量和精度。

（4）建造形态塑性能力强　3D打印建造技术可以根据设计需要随时调整和修改构件形态和尺寸，适合异形或复杂三维内部结构的混凝土构件的建造，可以实现中空、镂空等复杂形态制作，形成传统技术无法实现的形状，满足建筑物设计中的个性化需求，更好地实现设计创新。

（5）可持续性和环保　传统混凝土施工中会产生大量的浪费和二氧化碳排放，而3D打印建造技术可以大大减少建筑安装工程产生的建筑垃圾和灰尘的产生，在建筑施工过程中基本做到了低扬尘、低噪声、低污染，更符合建筑行业倡导的可持续性和环保的要求。

（6）抗震性能良好　3D打印建造技术对于混凝土原材料的要求较为严格，即必须是高强度的混凝土，可以实现建筑高强轻质的目标；同时，3D打印建造技术所建造建筑的完整性较高，所以抗冲击能力也更为良好。

（7）智能化程度高　3D打印建造工艺是借助建筑构件和建筑物设计数字化模型技术、路径规划系统等实施高精度连续分层布料，且整个建造过程均需要计算机系统信号输出与反馈控制。

1.2　3D打印建造技术发展历程

1.2.1　3D打印技术的发展

20世纪80年代以来，各种3D打印技术及其设备相继发明，3D打印得以迅速发展。3D打印技术和应用发展的重要时间节点及发展历程如图1-11、图1-12所示。

1. 初期阶段（20世纪80年代初至20世纪90年代）

3D打印技术起步于20世纪80年代初期，该时期的3D打印技术仍处于试验阶段，仅被用于产品的快速原型制造，应用范围较窄，主要的技术包括光固化法、熔融层压法、喷墨法等。

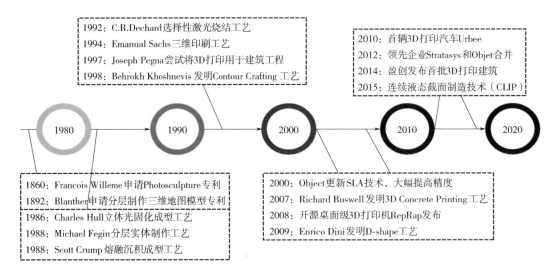

图 1-11　3D 打印发展时间轴

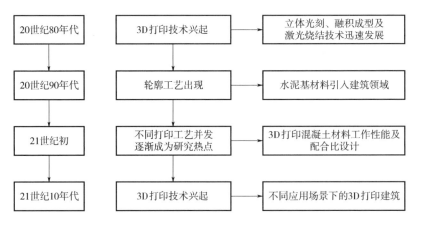

图 1-12　3D 打印技术发展历程

2. 中期阶段（20 世纪 90 年代至 21 世纪 10 年代）

随着计算机技术、材料科学等领域的发展，3D 打印技术开始逐步成熟，轮廓工艺的出现为 3D 打印技术的应用提供了技术基础，水泥基材料开始被引入建筑领域，大量科研人员深入探索高性能的打印材料。本阶段的 3D 打印技术已经可以应用于制造一些小型的实用品，例如：耳机、眼镜架、工具等。

3. 进阶阶段（21 世纪 10 年代至今）

进入 21 世纪之后，3D 打印技术进入高速发展期。3D 打印技术已经能够制造出各种尺寸的零部件、模型甚至整个建筑物，应用领域广泛。此外，3D 打印材料的种类也不断增多，能够制造金属、陶瓷、玻璃等多种材料的实物。

1.2.2 国外 3D 打印建造技术的发展历史

20 世纪 80 年代，美国最早开始建筑行业的 3D 打印技术研究。1997 年，美国密歇根大学 Behrokh Khoshnevis 教授首次提出"Contour Crafting"（轮廓建筑）概念。同年，美国学者 Pegna 将水泥基材料用于 3D 打印，通过砂浆逐层累积及蒸养快速固化的方式，打印出了混凝土（砂浆）结构。

2004 年，Khoshnevis 教授及其团队研发了第一台 3D 打印建造机，通过动作控制喷嘴在自然预设状态下逐层挤出混凝土的方法，成功打印出混凝土墙壁。同年，美国南加州大学的 B. Khoshnevis 率先使用商品混凝土打印房屋，并实现了自动化安装房屋水管网，如图 1-13 所示。

2006 年，荷兰 Eindhoven 大学 Hendrik Jonkers 教授研发出一种可以在裂缝处自愈合的混凝土，在 3D 打印建造中得到了广泛应用。

图 1-13　3D 打印房屋

2012 年，意大利发明家 Enrico Dini 设计了 D-sharp 打印机，可喷射镁质粘合物，且在粘合物上喷撒砂石逐渐铸成石质固体，最终形成石质建筑物，如图 1-14 所示。同年，英国拉夫堡大学的研究者研发出了新型 3D 打印机械，可在计算机软件控制下，使用具有高度可控挤压性的水泥基浆体材料完成精确定位混凝土面板和墙体中孔洞的打印，实现了超复杂大

图 1-14　基于粉末的 3D 打印建筑

尺寸建筑构件的设计制作，为外形独特的混凝土建筑建造提供了技术工具。

2013 年，荷兰 DUS Architects 公司使用自己研发的 KamerMaker 3D 打印机打印了混凝土房屋模型，并开始了全尺寸建筑打印的技术研发。

2015 年，瑞典 Lund 大学 Olaf Diegel 教授及其团队研发了可移动的混凝土轮式 3D 打印机，打印机使用了铝制材料，集成了可去除的底部装置，使得机器在移动过程中更牢固和安全，同时采用了100mm孔腔削螺旋钻的混凝土打印头输送混凝土。

2016年，荷兰 Eindhoven 技术大学研究人员通过一种特殊类型的混凝土层层叠加打印房屋外墙和内墙，如图1-15所示，3D打印的墙体厚5cm，这是3D打印建造技术应用的里程碑，目前已经投入实际使用。同年，美国建筑公司 ApisCor 在俄罗斯莫斯科区斯图皮诺镇首次实现了寒冷条件下的房屋原位3D打印，也是世界范围内唯一涉及寒冷条件的水泥基材料3D打印。

2022年，世界上第一个两层3D打印结构的建筑在美国开始施工，该建筑设计采用混合施工方法，将打印的混凝土模块与木框架相结合，成为首批以集成方式使用木材和混凝土的3D打印建筑之一。该类建筑可扩展并适用于多领域的3D打印建筑系统中，一定程度展示了3D打印建造在未来建造行业中的实用性。

图1-15　荷兰3D打印混凝土房屋

1.2.3　国内3D打印建造技术的发展历史

相比国外，我国3D打印建造技术起步较晚，自2013年开始兴起，经历了短时间的高速发展，取得了一定技术突破和应用成果。

从2002年开始，上海盈创装饰设计工程有限公司前后用了12年时间，自主研发了150m×10m×6.6m的巨型3D打印机、打印油墨和连续打印技术。2014年，中国的盈创建筑科技有限公司在 Behrokh Khoshnevis 教授团队的技术基础上，研发了能够挤压快干水泥和建筑废料的混合材料3D混凝土打印机。2015年，盈创公司成功打印了当时全球最高的5层3D打印公寓楼。同年，盈创公司又顺利打印出一栋1100m^{2}的别墅和一栋6层的居民楼。

2013年，华中科技大学工程管理研究所丁烈云教授团队研发了3D打印水泥砂浆砌体技术，开展了BIM三维数字建模、算法研究、数控程序生成系统构建等多项研究工作。2015年，研究团队研发了第二代用于混凝土打印的建筑3D打印装置系统，如图1-16所示。

2016年，北京华商腾达工贸有限公司采用原位打印和配筋工艺，首次实现现场整体打印面积400m²的别墅。2019年，中建股份技术中心和中建二局华南公司联合打造出一栋7.2m高的双层办公楼，标志着原位3D打印技术在我国建筑领域取得突破性进展。同年，清华大学（建筑学院）—中南置地数字建筑研究中心徐卫国教授团队运用自主开发的3D打印建造系统技术，设计研发的3D打印建造步行桥在上海宝山智慧湾落成，标志着这一技术从研发到实际工程应用迈出

图1-16　第二代建筑3D打印装置系统

了关键一步，同时标志着我国3D混凝土打印建造技术进入世界先进水平。

2022年，三峡大学自主研发出了"大型（15m级）3D打印建造机"，这是目前国内最大的单体3D打印建造机。

1.2.4　3D打印建造技术的发展趋势

根据《Woklers Report 2021》报告显示，3D打印技术在建筑/施工领域中的应用占比约6.0%，如图1-17所示，有较大的上升空间，随着新型建筑工业化与智能建造协同发展，未来建筑行业与3D打印技术的结合将更加紧密。

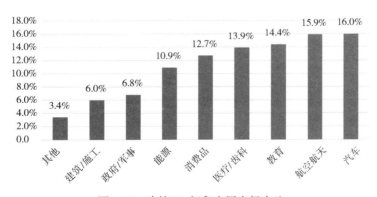

图1-17　建筑3D打印应用市场占比

1. 仿生设计

仿生学作为产品尺寸仿生设计的基础,以模仿生物系统的功能原理和行为特征来构造技术系统,将自然、社会中优越的系统性能应用到人造系统中,从而提高产品设计中的外形、功能、结构等设计要素。随着数字化技术的应用,3D 打印建造技术可按需、现场或场外、定制和自动化制造进行复杂结构形式数字化设计并完成打印。

2. 绿色建造

3D 打印建造技术具有节能环保、节材降耗等优势,是一种理想的绿色施工方法。通过引导工农业废弃资源、建筑固废材料作为 3D 打印建造材料研发的原材料,如建筑垃圾、工业垃圾、矿山尾矿、金属废渣等,可以实现高效、清洁、低碳、生态、环保、循环的绿色建造体系构建。

3. 非线性建筑

3D 打印建造技术具有强大的非线性复杂造型的快速成型能力,打印低层非线性建筑成为目前理想的发展方向。非线性建筑通常具有复杂的几何造型,需要利用计算机从建筑存在的基本层面描述制约设计的各种因素,从而自发、自然、自动化地生成。3D 打印建造技术应用于非线性建筑,能够低成本地实现复杂形体构造,解决传统建造技术凸显出的建造成本高、材料浪费多、施工速度慢等问题。此外,3D 打印建造技术可以打印蜂窝墙体等具有特定内部构造的结构构件,为实现建筑的功能结构一体化提供了技术可能性,如在蜂窝墙体内部填充泡沫材料,能够大幅度提高墙体的热工性能,实现保温隔热、低碳环保的功能结构一体化。

4. 应急、灾后建设

3D 打印对建造应急性、临时性的建筑物具有优势。面对地震、疫情等突发灾害或公共卫生事件时,3D 打印建造技术应用能提高救灾临时性建筑的建造效率、简化建造工序、降低劳动人员密度,减少人员聚集(图 1-18)。此外,在面对高温、严寒等特殊天气及灾后、山区、水下等施工环境,传统施工方法受制于地形、人力、设备等,施工难度高、施工成本大、施工效率低,3D 打印建造技术可弥补传统施工方法的缺点,实现又好又快的建造。

图 1-18 3D 打印建造检疫房、隔离屋

1.3 3D打印建造技术在建筑工程中的应用

3D打印建造技术目前已被广泛应用于房屋建筑、桥梁工程、市政轨道、市政公共设施、景观部品等方面，同时也能满足市政景观部品和特殊造型构件的色彩及装饰效果打印要求。本书将主要阐述其在居住建筑及桥梁领域的应用情况。

1.3.1 原位3D打印建筑

原位3D打印建筑是指在建造现场使用3D打印技术直接打印建筑，其使得建筑设计更加灵活，且可以实现复杂建筑形态的打印。

目前原位3D打印建筑的实际应用还比较有限，主要集中在试验性质的建筑项目中。2014年，中国上海青浦园内外装一体化3D打印了10栋工程项目部用房，该3D打印建筑群采用现场打印施工方式，材料来自建筑垃圾、工业垃圾和矿山尾矿等建筑废弃物，实测抗压强度为23.7MPa，抗折强度为5.3MPa；2016年，迪拜采用3D打印建造技术原位打印工艺实现了办公楼主体结构的建造，虽然结构设计复杂，但在现场加载试验中没有裂缝产生；2018年，北京华商陆海科技有限公司实现了多层建筑"现场整体打印"的产业目标，以原位打印工艺完成全球首座以"钢筋混凝土"为原材料，现场整体打印的商业建筑；2019年，广东一座7.2m高的双层办公楼在广东建设基地完成现场打印，这是我国第一个基于"轮廓工艺"原位3D打印完成的建筑，打印效率及效果均良好，体现了3D打印无模施工工艺的优势。

1.3.2 装配式3D打印建筑

装配式3D打印是指将3D打印技术应用于预制构件生产的建筑模式，通过在工厂中使用3D打印技术制造出预制构件，并在现场进行组装，从而实现目标建筑的快速搭建。与传统现浇建造方式相比，装配式3D打印建造具有更高的建筑质量、更快的施工速度、更少的建筑垃圾和更低的施工成本等优势。与原位3D打印相比，装配式3D打印可以在工厂中精确地制造出构件，减少了现场施工中可能存在的误差。同时，装配式3D打印建筑的构件可以重复使用，能够减少建筑垃圾的产生。

目前，装配式3D打印建筑已经得到了较广泛的应用。例如，2014年，苏州的一栋2层建筑采用装配式施工工艺建造，该建筑墙体保持着原有的3D打印纹理，节约装饰成本的同时保证了造型美观；2015年，一栋6层住宅楼利用3D打印建造装配式工艺建造完成，充分发挥了建筑模块化优势，所用高性能材料和建筑轻量化构件打破了3D打印设备对建筑打印尺寸的限制,极大提升了打印质量和建造速度。目前也有一些建筑将原位 3D 打印和装配式 3D 打印二者综合应用,例如北京华商陆海科技有限公司以 3D 打印建造技术为建筑构件的主要生产方式,以一体化成型的"单建筑"作为构件主体,降低了现场吊装工序的工作量;同时,还能在装配过程中,扩大单体建筑的受力面积,增强了整体建筑的稳定性。此外,因无须再进行"钢筋混凝土的搭接和浇筑"等工序,可直接通过框架固定完成主体结构的基础施工,也进一步降低了"人为干预"的风险,提高了现场施工效率,如图 1-19 所示。

图 1-19 华商陆海的"3D 打印装配式建筑"

1.3.3 其他工程领域的应用

考虑到目前建筑 3D 打印技术尚不成熟,技术规范还未成型,打印较大规模的建筑物还不能达到我国规范、标准的要求,因此短期内 3D 打印未大量应用于现行规范强制满足要求的结构或构件,而多应用于城市公共设施,如公交车站、污水处理池、风景园林装饰构件、临时构筑物(如挡土墙)等领域。

1. 工业建造

图 1-20 为利用 3D 打印建造工艺在现场打印的一座配电站,配电站房屋的设计尺寸为 12.1m×4.6m×4.6m,采用龙门式打印系统。图 1-21 为 3D 打印检查井,可根据实际埋深需要和井道内径进行精准打印,且整体结构为双层打印、一次成型,杜绝污水泄漏对土体二次污染。检查井仅需在工厂打印,运输到现场安装即可,基于计算机信息模

型的打印过程可实现井盖和检查井口精准吻合，排除人工砌筑误差和人工放坡过程存在的潜在危险。

图1-20 3D打印建造配电站

图1-21 3D打印建造检查井

丹麦3D打印建造公司COBOD利用3D打印建造技术建造了一座风力发电机的底座，该底座高达10m，可以支撑高度为200m的风力发电机，如图1-22所示。通常由于底座的尺寸限制了发电机的高度，一般的风力发电机只有100m左右高度，而利用3D打印建造技术，风力发电机的底座可以实现就地打印，无需进行超大体量运输，为更高的风力发电机以及更大的发电功率提供了解决办法。

此外，东南大学王香港等利用3D打印建造技术在南京江北新区，短时间内建造了混凝土公共卫生防控方舱；盈创公司短时间内利用3D打印技术建造了多批防疫隔离屋、休息室等送至湖北、山东各地，这批防疫建筑物在工厂内打印完成并送至防疫现场经吊装完成后投入使用。

图1-22 COBOD公司打印的风力发电机底座

2. 桥梁领域

苏州市利用装配式打印工艺及现场吊装完成3D打印河道二级护岸，既满足了安全稳定的要求，又满足了景观需求，较同等尺寸的混凝土挡墙相比可减少三分之二以上的混凝土用量，节约原材料的投入，节省了大量人工和材料成本，如图1-23所示；采用3D打印技术和煤化工固废等可再生资源，在绕城高速公路建造的3D打印曲面声屏障，采用波浪形设计，实现了大幅度降噪隔声，如图1-24所示。

图 1-23 3D 打印建造河岸线

a) 示意图　b) 实际效果图

图 1-24 苏州曲面声屏障

在桥梁结构构件 3D 打印技术应用方面，2016 年西班牙 Acciona 公司利用轮廓打印工艺建造了一座人行天桥，桥梁采用熔融混凝土粉末和聚丙烯加固。同年，荷兰埃因霍芬理工大学应用 D 型打印技术在西班牙阿科班达市架设了世界上第一座长 12m、宽 1.75m 的人行桥，该桥使用专用水泥打印机在工厂打印完成，采用体外预应力张拉形成整体，运输到现场进行整体吊装。2017 年 10 月，日本大林组运用装配式工艺建造日本首座 3D 打印桥梁，所用 3D 打印方式是主流的机械臂 + 混凝土的组合方式。2017 年 7 月，同济大学打造了全球第一组 3D 打印步行桥，两座桥跨度分别为 4m、11m，但两座桥只用于展示。2018 年，上海建工集团在桃浦智创城完成 3D 打印桥，该桥在上海建工机施集团的数字三维建造中心采用 1 台龙门架复合 3D 打印机器人系统进行施工，这是国内第一座运用 3D 打印技术完成的一次成型、最大跨度、多维曲面的高分子材料景观桥，现已投入使用。2019 年，清华大学（建筑学院）—中南置地数字建筑研究中心徐卫国团队采用团队自主开发的 3D

打印建造系统技术，完成了桥拱结构、桥栏板、桥面板三部分的打印，最终组合落成。同年，河北工业大学马国伟团队在天津按照赵州桥1:2缩尺打印后，现场组装成3D打印桥，成为目前世界最长跨度的装配式3D打印桥，也是世界上单跨最长的3D打印桥梁。

3. 园林景观

清华大学徐卫国团队利用Advanced Intelligent Construction Technology（AICT）公司的机器人3D打印技术建造完成的深圳3D打印公园项目，如图1-25所示，为公园制作了雕塑长椅、花坛、挡土墙和路缘石等，整个3D打印公园占地5523m^2，由2000多块3D打印的混凝土组成，是一个具有代表性的3D建筑打印美学展示品。

图1-25　深圳3D打印公园

伯克利环境设计学院建筑系副教授RonaldRael团队以粉末水泥作为主要建筑材料，在加州大学伯克利分校建造了一个名为"开花"的展馆，此建筑物使用了粉末水泥、聚合物和纤维通过11个3D系统打印机建造而成。这个过程最小化了浪费，并取得了强劲、轻质的砖与高分辨率的细节；同时克服了许多以前3D打印结构在生产速度和成本以及美学与实际应用等方面的局限。

1.4　3D打印建造技术的挑战

1.4.1　设备与打印方式还不够成熟

关于3D打印建筑施工工艺，工厂预制构件打印工艺已相对成熟。但现场原位打印的建筑大多采用水泥制品逐层叠加，表面粗糙程度不均匀，观感程度较低，且建筑构件尺寸要求不一，对相应的打印机要求也不一样，基于打印机的构造及工作原理，会限制其应用范围，导致原位打印仍然面临许多技术难题，增加了建筑打印高精度要求的技术操作难度。此外，受3D打印喷嘴直径的影响，目前3D打印材料以砂浆为主，粗骨料混凝土的应用则较为有限。因此，大型3D打印设备和配套输送装置仍需进一步优化以匹配不同规模的工程特点。

1.4.2 打印材料性能不足

3D打印材料是影响混凝土性能的最根本因素。基于3D打印过程"逐层叠加"原理，打印材料层层堆积，若凝结不及时而下层材料未达到足够的强度和承载力，会造成上层材料堆积变形，从而影响建造精度。因此，3D打印材料既要满足材料强度要求，又要具有良好的和易性，且还需满足打印过程中材料快速凝结的性能要求。此外，建筑3D打印材料的细观凝胶结构与微观形貌与普通水泥混凝土存在差异，导致其抗侵蚀性、抗渗性和耐久性等发生变化。

目前国内外所采用的材料均为水泥、纤维等的混合物，其性能与需求相比还相去甚远；同时，水泥基胶凝材料会增加CO_2排放，导致环境污染。研究具有抗拉性能高、韧性强、抗裂性能好且初凝时间较快、初凝强度适宜的打印材料是发展3D打印建造建筑技术的关键。

1.4.3 行业建设标准不够完善

3D打印建造技术与传统的建筑施工工艺不同，通过免模板的逐层堆积成型工艺，从而对打印材料的工作性能和力学性能提出了更高要求，如果使用传统的普通混凝土，则可能存在层间粘结薄弱、容易出现坍塌、成型困难等问题。因此，在3D打印材料方面，普通混凝土的现行规范并不适用于3D打印建造材料，制定一套完整全面的3D打印建造技术、材料、施工应用规范变得至关重要。

此外，针对3D打印建造技术的打印工艺、质量检测、管理流程等方面的标准也较缺乏，无法全面支撑3D打印建造技术的推广应用。

1.4.4 行业验收不够完善

在3D打印建造技术方面，中国已有企业根据打印性能要求和施工技术制定了企业标准，但验收规范仍沿用现有结构验收规范，如3D打印66m以下建筑验收采用《砌体结构设计规范》（GB 50003—2011），此类新编规程主要针对材料特性及力学性能试验方法，而3D打印混凝土技术的应用最终是以可打印不同结构形式的可靠建筑为目的。因此，还需通过大量工程应用经验积累和结构性能试验来制定相关的质量、技术、验收标准体系，出台面向3D打印建筑的验收规范。

1.4.5 高层建筑打印有局限

3D打印建造技术的材料及其成型构件或建筑物的力学性能提升仍处于研究阶段。虽然其可以应用于低层、大面积建筑的快速成型建造，但对普通的高层或超高层建筑的建造却不能进行一次性的3D打印，主要原因为目前现有的3D打印设备尚不具有足够的可打印高度，且高层或超高层建筑中因为高强钢筋或者其他纤维筋的存在，导致3D打印建造施工过程中存在诸多施工技术难题，这些因素都使得短期内实现打印高层、超高层建筑的目标较为困难。

思考题

1. 3D打印建造技术的定义是什么？
2. 3D打印建造技术的原理和技术优势有哪些？
3. 3D打印建造技术通常包括什么技术类型？
4. 3D打印建造技术的国内外发展历程及应用现状如何？
5. 3D打印建造技术的发展目前面临的挑战有哪些？

第2章 3D打印建造技术常见工艺方法及流程

> **本章重点**
>
> 1. 了解3D打印建造技术的常见工艺方法
> 2. 掌握3D打印建造技术应用的一般流程
>
> **本章难点**
>
> 理解3D打印建造技术应用的一般流程

3D打印建造技术在施工过程中，建筑的图形设计模型转化成三维信息，通过设定好的打印路径，将凝结时间短、强度发展快、触变性好的材料由喷嘴挤出，逐层叠加累积成型。以这一基本工艺流程为基础，在实际工程应用中根据施工环境、建筑设计要求、项目管理目标等，各研究机构及学者对工艺方法进行了细化研究，如轮廓工艺、混凝土熔融沉积技术等，不同工艺具有不同的技术特点和适用性。

本章介绍3D打印建造技术常见的工艺方法及流程，主要包括3D打印建造工艺的梳理分析、基于混凝土分层喷挤叠加方法、基于砂石分层粘合叠加方法、大型机械臂驱动的材料三维构造建造方法以及3D打印建造技术应用的一般流程，旨在对3D打印建造技术的实现提供基础认识。

2.1 3D打印建造技术工艺梳理分析

近年来，3D打印（3D-printing）作为第三次工业革命的重要标志，在土木建筑领域取得了快速发展和应用，成为建筑业在智能化、绿色化方向发展的创造性技术。3D打印建造技术作为一种新型技术被认为能够改变传统施工形式，该技术涉及建模、信息处理、机电控制、材料科学及机械设计等多项前沿技术，在缩短施工周期，降低人工成本，减少建筑废弃物及对周边环境的影响等方面具有明显优势。因此，近年来，国内外大批科研院所及企业对3D打印建造技术的打印方式、材料、设备及应用场地条件进行了大量研究，见表2-1。

表2-1 3D打印建造技术方式、材料、设备及场地统计

编号	机构	打印方式	材料	设备		应用场地
				类型	可否移动	
1	麻省理工学院 MIT	材料挤出	泡沫	机械臂	是	现场
2	美国 Apis Cor 公司	材料挤出	混凝土	塔式	否	现场
3	橡树岭国家实验室 ORNL	FDM	热塑塑料	龙门式	否	室内
4	埃因霍芬理工大学 TU/e	材料挤出	混凝土	龙门式	否	室内
5	拉夫堡大学 LU	材料挤出	混凝土	龙门式	否	室内
6	南加州大学 USC	材料挤出	混凝土	龙门式	否	室内
7	英国 Monolite 公司	胶粘剂喷射	砂+胶粘剂	桁架式	否	现场
8	荷兰 MX3D 公司	直接能量沉积	不锈钢	机械臂	否	现场
9	美国 ICON 公司	材料挤出	混凝土	龙门式	否	现场
10	丹麦 COBOD 公司	材料挤出	混凝土	桁架式	否	现场
11	荷兰 CyBe 公司	材料挤出	混凝土	机械臂	是	现场
12	根特大学 Ugent	材料挤出	混凝土	机械臂	是	室内
13	德国 PERI 公司	材料挤出	混凝土	桁架式	是	现场
14	德累斯顿工业大学 TUD	材料挤出	混凝土	桁架式	是	室内
15	斯洛文尼亚 BetAbram 公司	材料挤出	混凝土	桁架式	否	现场
16	荷兰 Bruil 公司	材料挤出	混凝土	机械臂	否	室内
17	苏黎世联邦理工学院 ETH	材料挤出	混凝土	机械臂	否	室内
18	法国 XtreeE 公司	材料挤出	混凝土	机械臂	否	室内
19	意大利 WASP 公司	材料挤出	黏土等	桁架式	否	现场
20	美国 AI SpaceFactory 公司	材料挤出	玄武岩+生物塑料	机械臂	是	现场
21	美国 Mighty Building 公司	材料挤出	轻质石材	桁架式	否	室内
22	盈创建筑科技（上海）有限公司	材料挤出	混凝土	龙门式	否	室内
23	辽宁格林普建筑打印科技有限公司	材料挤出	混凝土	龙门式	否	室内
24	北京华商陆海科技有限公司	材料挤出	混凝土	龙门式	否	现场
25	同济大学	FDM	树脂	机械臂	否	室内
26	清华大学	材料挤出	混凝土	机械臂	是	现场
27	南京嘉翼精密机器制造股份有限公司/东南大学	材料挤出	混凝土	桁架式	否	室内
28	河南太空灰智能科技有限公司	材料挤出	混凝土	桁架式	否	室内
29	河北工业大学	材料挤出	混凝土	机械臂	否	室内
30	中国建筑股份有限公司	材料挤出	混凝土	桁架式	否	室内
31	上海建工集团股份有限公司	FDM	工程塑料	龙门式	否	室内

由表 2-1 可知，目前大型 3D 打印建造工艺主要有三类：轮廓工艺、D-shape 和混凝土打印技术；机械结构的常见类型有三种：龙门结构、桁架式和机械臂。

2.2 基于混凝土分层喷挤叠加方法

2.2.1 轮廓工艺

"轮廓工艺（Contour Crafting，CC）"是 2001 年被称为世界 3D 建筑打印之父的美国南加州大学（University of Southern California）工业与系统工程系教授 Behrokh Khoshnevis 提出的一种 3D 打印建造技术，该技术于 2006 年被美国 Modern Marvel 频道评为全美当年最佳 25 项发明之一，在美国科技领域受到了广泛关注。轮廓工艺技术是一项通过计算机控制喷嘴按层挤出材料的建造技术，其原理是通过控制计算机对模型进行分层处理，并设定好打印路径，喷嘴在指定路径上不断移动并挤出类似混凝土的打印材料，材料逐层叠加，最终完成建筑物打印，轮廓工艺打印流程如图 2-1 所示。

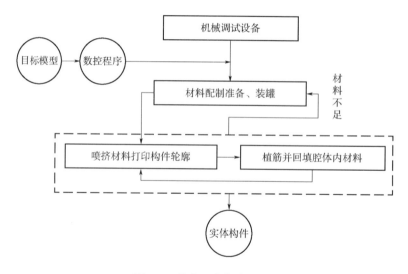

图 2-1 轮廓工艺打印流程

轮廓工艺有两种基本实现方式：一种是用一个大型龙门式起重机打印整个建筑物，另一种是用多个小型机器人打印各个建筑外墙从而完成整体结构。不管用哪种实现方式，相对于传统方式来说，轮廓工艺在时间和成本上均具有明显优势。此外，轮廓工艺利用喷嘴附带的泥刀随挤随抹，有效解决了分层叠加建造方式所造成的产品表面层状条纹明显的不美观问题，实现了建筑构件表面的光滑处理。

采用轮廓工艺进行现场 3D 打印建造施工时，其基本工序流程为：混凝土罐车将混凝土泵送到龙门架上，然后由喷头挤出混凝土，堆叠形成建筑墙体、柱等竖向构件；而楼板、过梁等水平构件则需预先在地面制作成型，而后由龙门架上的起重机进行吊装（图 2-2a），具体为先根据截面信息打印外部轮廓，再向内部全填充混凝土或者波纹状填充（图 2-2b）。此外，打印过程中可以边打印边铺设电气管线，加快施工速度。轮廓工艺的技术难点在于合理控制打印混凝土模板所受的侧压力，这是限制打印构件高度和填充内核体积的决定因素；通过合理调控挤出速度、填充模板内核速度、材料的固化速度和强度发展速度等可实现最好的打印效果。其主要优势为利用泥刀实现构件平整光滑的表面，如图 2-3 所示，可根据打印材料配合比控制挤出速度，同时定制化程度高、设计较自由，但打印精度依赖泥刀等后期处理，打印尺寸、高度等受打印系统的限制，层间粘结力较低、对材料承载力要求较高，其打印出的墙壁是空心的，虽然质量更轻，但它们的强度比传统房屋更高，而且节约了 20%～25% 的资金、25%～30% 的材料和 45%～55% 的人工。轮廓工艺也存在一些不足，例如需预先打印性能要求极高的腔体，增加了材料设计的难度；分层浇灌建筑墙体内核会增加材料层间衔接部位的性能薄弱区，为材料长期性能留下安全隐患；另外，其打印精度也还有待提高。

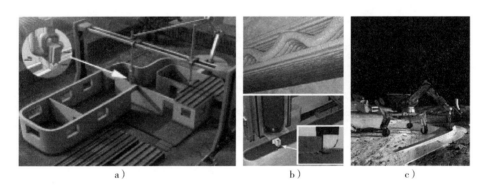

图 2-2　轮廓工艺在建筑中的应用

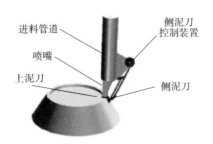

图 2-3　轮廓工艺泥刀示意图

2004 年，轮廓工艺就已经能够打印出长 1.52m、高 0.91m、厚 0.15m 的建筑部件，经过多年发展，轮廓工艺已具备利用一定材料实现大型建筑构件甚至是整体建筑自动建造的技术可能性。利用此项技术,可以实现房屋的快速建造(图2-4)。按照传统的建造方法,建造一栋200m² 的房子大约需要半年时间,采用该项技术,可以在24h内建成一栋232m² 的房子。目前,已有研究团队在美国宇航局(NASA)的支持下,研究利用轮廓工艺在月球上建造太空基地的相关技术,希望可以将星球表面的原材料打印成结构,避免从地球运送建筑材料到月球的巨大消耗。

图2-4　轮廓工艺机械装置及打印墙体结构

2.2.2　轮廓工艺-带缆索(桁架)系统

2007年,美国俄亥俄大学(Ohio University)Paul等人改进并提出了轮廓工艺-带缆索系统(CC-cable-suspended),以刚框架作为机械骨架,通过12条缆索控制终端喷嘴的三维运动,称其为基于直角坐标系的轮廓工艺缆索机器人(Contour Crafting Cartesian Cable Robot,C4 Robot)(图2-5),图2-6为改进后的工艺流程。

图2-5　轮廓工艺-带缆索系统示意图

该改良后的工艺主要体现在:用轻质桁架代替笨重龙门架,更加便携、灵活、易拆装,使得在工地现场打印建造房屋更具有可行性。

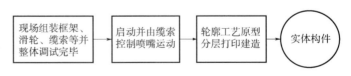

图2-6　轮廓工艺-带缆索系统工艺流程

2.2.3　混凝土熔融沉积(FDC)技术

英国拉夫堡大学(Loughborough University)创新和建筑研究中心Lim等人于2008年提出基于混凝土喷挤堆积成型工艺的后来被称为"混凝土打印(Concrete Printing)"的3D

打印建造技术，通过喷挤材料分层打印和植入横向钢筋网的交叉操作实现实体构建打印，能够灵活控制内部和外部形状，实现结构自由。同时也有学者根据成型原理将其命名为混凝土熔融沉积（FDC）技术，其工艺流程如图 2-7 所示，机械装置如图 2-8 所示。FDC 打印技术是在增加和改变 FDM 打印机尺寸与结构的基础上，使用混凝土、石膏等由固体无机物粉末和特殊胶粘剂混合而成的浆体作为打印材料，通过挤出的混凝土细丝在平面内构成细丝层，层与层竖向叠加最终形成构件。

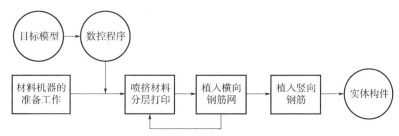

图 2-7　FDC 打印工艺流程

图 2-8　FDC 打印机械装置

2009 年，已有团队研发出适合 3D 打印的聚丙烯纤维混凝土并成功打印出尺寸为 2.0m×0.9m×0.8m 的混凝土靠背椅，并对其原位剥离进行立方体抗压等性能测试。2012 年，同一研究团队的 Le 等人开发了一台新型 3 轴龙门式 3D 打印机，带有可在 X-Y-Z 三维空间内移动的 9mm 直径喷嘴打印头，使得大尺寸复杂建筑构件的设计制作成为可能。另外，针对打印材料，研究团队在系统研究了打印混凝土的新拌与硬化性能后，对比研究了不同龄期打印混凝土与传统浇筑混凝土的性能，同时讨论了打印混凝土的各向异性，并得到打印混凝土硬化后的性能指标，其提出的打印混凝土综合评价指标为 3D 打印建造技术的深入研究奠定了良好基础。

2017年，丹麦的"3D Printhuset"打印公司采用FDC打印建造技术打印出建筑面积约50m²的"办公酒店"。2018年，一家名为ICON的美国得克萨斯州创业公司利用大型的FDC打印机在一天时间内打印完成了一幢60.4m²的混凝土建造房屋。

FDC打印技术通过空间钢筋网保证了构件的整体性，其最大的优势在于精度较高，但对泵送压力、打印材料流变性能及打印时间控制要求高，需各要素紧密配合，因此打印效率相对较低，打印构件受打印机尺寸限制较大。

2.3 基于砂石粉末分层粘合叠加方法

2.3.1 D型

2007年，英国Monolite公司的工程师Enrico Dini提出了一种通过喷挤胶粘剂来选择性胶凝硬化逐层砂砾粉末实现堆积成型的方法，该方法可以大幅度降低碳排放，且材料无堵塞管道的问题，如图2-9所示，即D型（D-shape），图2-10为其机械装置。

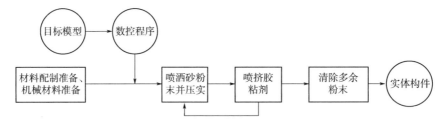

图2-9　D型工艺流程

图2-10　D型机械装置

D 型技术的原理是通过一个大型的 3D 打印机，选择性地将砂子和镁质粘合物结合在一起，逐层打印形成三维实体建筑，具有良好的抗压能力和足够的抗拉强度，即使用该技术打印的建筑物不需要钢筋来提升抗拉强度。D 型工艺在发明之初便成功地打印了一座 1.6m 高的雕塑，在打印居住建筑时，"D-Shape"打印机需要先逐个打印框架构件，然后再通过龙门架组装在一起，最后用增加纤维水泥填充框架，整栋房屋才算建造完成。可以看出，龙门架的尺寸成为限制房屋大小的重要因素，2013 年荷兰阿姆斯特丹大学成功设计并打印了一幢 2 层建筑。

D 型技术的优点在于其建造价格低廉，可较好地控制产品质量，能通过扫描技术定制修补缺损构件，且打印的构件光滑坚硬。运用该方法建造完成后的房子质地类似于大理石，其坚固的微结晶结构表现出良好的密实度和抗拉强度，不需要内置钢筋进行加固。打印建筑比传统建造方法要快，更为重要的是几乎不会产生任何废弃物，此外还可以轻松打印出传统建造方式很难实现的高成本曲线建筑，但其打印过程非常缓慢，需构建很大的平台支撑打印，构件尺寸受机械限制且成本较高。Enrico Dini 本人表示，他正在与阿尔塔空间公司合作，希望能设计出以月球土壤为原料的打印机，在月球上快速建造出人居基地。

2.3.2 数字异形体

从 2012 年开始，瑞士苏黎世联邦理工学院（ETH Zürich）的 Michael 等人以砂石粉末为材料，经过数字算法建模、分块三维打印、垒砌组装等过程打造构件，该技术称作数字异形体（Digital Grotesque）技术，如图 2-11 所示。

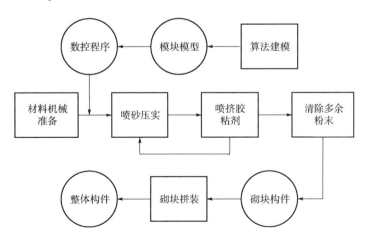

图 2-11 数字异形体工艺流程

Michael 等人应用数字异形体打印技术完成了一个 3.2m 高的 Grotesque 构筑物的 3D 打印建造，打印建造的数字异形体雕塑被置于工作室中用于展示，是建筑师数字设计建造方法的一个典型尝试，如图 2-12 所示。

图 2-12　数字异形体雕塑

2.4　大型机械臂驱动的材料三维构造建造方法

2.4.1　砖块堆叠

2006 年，瑞士联邦（ETH Zürich）Fabio、Matthias 等人进行了由大型机械臂主导的数字设计建造研究，其中较为典型的即为砖块堆叠（Brick Stacking）。砖块堆叠以砖块作为材料单元，由数控程序驱动 3m×3m×8m 的机械手以错位形式抓取堆叠砖块，上下两块砖之间用环氧树脂胶粘剂连接补强，建造了外立面超过 300m² 的"动态砖墙"（Informing brick wall），如图 2-13 所示。近两年来，研究者开发了用小型机器人飞行器进行砖块抓取堆叠的新技术，大大提高了工作自由度及效率。

图 2-13　机械手驱动砖块堆叠过程

该方法以砖块为建造材料，将原始建筑材料与数字建造技术相结合，彰显了非线性建筑之美，但其建造尺寸仍受机械限制。

2.4.2　展亭编织

2010 年，德国斯图加特大学（University of Stuttgart）Archim Menges 教授的 ICD 工作

室开始了以公园展亭（Pavilion）为对象的数字设计建造探索。2012 年，团队采用计算数学设计和机器臂自动操作的方式，使用碳纤维材料及设定的编织工艺，通过精准控制机器人与自动旋转的模具之间协同工作，编织了一个可自支撑的壳体结构展亭。最后，人工拆卸钢支架形成最终的展亭结构，实际建造结果同设计模型之间的误差控制得非常小，如图 2-14、图 2-15 所示。

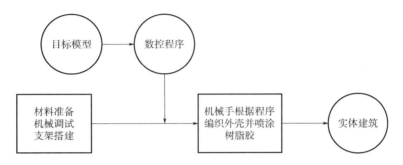

图 2-14　展亭自动编织工艺流程

图 2-15　展亭自动编织过程

2.5　3D 打印建造技术应用的一般流程

3D 打印建造技术的工艺原理是将建筑的图形设计模型转化成三维的打印路径，利用打印系统将凝结时间短、强度发展快的混凝土等打印材料精确分层布料，逐层叠加累积成型，从而实现免模板施工。其打印建造工艺流程如图2-16所示。

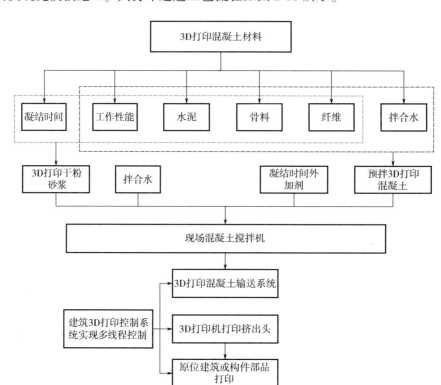

图2-16　3D打印建造工艺流程

此外，3D打印建造技术应用除了应具备3D打印系统之外，其工程应用的一般流程还包括原材料储存、混凝土制备与输送、打印和养护等四个步骤。

2.5.1　3D打印建造系统基本组成

打印系统主要由混凝土输料系统、混凝土布料系统、打印路径控制系统组成，三个系统在计算机控制下协同工作，实现了施工过程的智能化。

1. 控制系统

控制系统负责X-Y-Z轴运动、喷嘴旋转和材料挤出的耦合控制，即多坐标联动控制。混凝土的可泵送性、可挤出性和抗压强度随时间的变化而变化，必须在一定时间内将材料从喷嘴挤压到适当的位置；喷嘴的运动速度与材料的挤出速度之比是恒定的，取决于材料的性能。当移动速度过快时，材料表面会出现裂纹；当挤压速度过快时，物料堆积过多，导致挤压宽度过宽。因此，控制系统必须具有以下特点：

1）控制系统须具有高精度、良好的调速能力和高稳定性。

2）控制驱动电动机须具有足够的承载能力，频繁启停时振动较小。

3）控制程序应易于编写和修改。

4）具有良好的人机交互界面，用户可以通过人机交互界面操作系统的各个功能模块。

5）良好的可扩展性，将有助于在设备上增加新的模块，并有助于改进设备。

2. 输料、布料系统

输料、布料系统主要有供料和挤出两部分主要工作。供料和挤出系统负责将混凝土砂浆均匀地混合，然后将其输送到挤出头的末端，并最终将其沉积在印刷体上。在混凝土的三维打印中，每栋建筑都需要大量的混凝土材料。进料子系统负责混凝土（水泥、砂、粗骨料、水）的混合，然后通过管道将混凝土输送到料斗。搅拌混凝土的主要目的是获得一种均匀、易加工的混凝土浆料；泵的主要用途是为混凝土输送提供动力。根据混凝土的特点，泵的设计应满足以下要求：①泵必须提供足够的压力来推动混凝土在管道中的流动；②速度可调，泵脉冲小；③混凝土是一种磨蚀性材料，泵体应便于拆卸清洗和零件修理。

为了保证沉积速度在任何时候都可以完全控制（混凝土流动可以随时开始和停止），必须在喷嘴附近设计挤出系统。挤出系统负责将混凝土材料从料仓挤出到喷嘴末端，并将其沉积在建筑物上。挤出系统必须满足以下条件：

1）响应速度快。

2）挤出速度可调。

3）在连续打印过程中，必须保持混凝土供应的连续性和均匀性。

4）挤出混凝土流动的脉动小。

2.5.2 原材料储存

目前3D打印建筑材料主要分为四类：水泥基材料、石膏类材料、树脂类材料以及金属类材料。水泥基材料作为目前世界上用量最大的建筑材料，因其原材料易得、经济且具有可控可调的流变性、良好的包容性及耐久性等特点，依然是目前研究及应用最多的3D打印建筑材料。

主要的材料储存要求如下：

1）水泥应按品种、强度等级和生产厂家分别储存，并应防止受潮。

2）骨料是混凝土中占比最大的材料，3D打印混凝土对骨料的要求比传统混凝土更高，含泥量、有害物质含量等指标要求更加严格，应按品种、规格分别堆放，并应采取遮雨防尘措施。

3）矿物掺合料应按品种、生产厂家分别储存，并应防止受潮。

4）外加剂在混凝土组成材料中占比最小，但却能显著改变混凝土的性能，应按品种、生产厂家分别储存。粉状外加剂应有防潮措施，液体外加剂储存在密闭容器中，并应有防晒和防冻措施，使用前应搅拌均匀。

5）由于3D打印混凝土性能对用水量比较敏感，尤其是拌合物性能，为减少骨料含水率变化导致混凝土质量波动，建议对骨料的存放地点采用加屋顶盖处置，并设置排水通道。

2.5.3 混凝土制备与输送

为满足3D打印建筑的需求，混凝土拌合物必须达到特定的性能要求。对混凝土的组成及其制备主要要求如下：

1）普通硅酸盐水泥在强度、凝结时间等方面可能无法达到3D打印的要求，需在此基础上做进一步的研究。如改变水泥组成中的矿物组成、熟料的细度等。如采用硫铝酸盐水泥或者铝酸盐改性硅酸盐水泥等获得更快的凝结时间和更好的早期强度等。

2）3D打印是通过喷嘴来实现的。喷嘴的大小决定了混凝土拌合物配制中的颗粒大小，并且必须找到最合适的骨料粒径。骨料粒径过大，堵塞喷嘴；粒径过小，包裹骨料所需浆体的比表面积大，浆体多，水化速率快，单位时间水化热高，将会导致混凝土各项性能的恶化。

3）配制的混凝土拌合物要有合适的配合比，由于作为满足3D打印的原料新型混凝土已经不同于传统的混凝土，其各项性能发生了很大的变化，不能由传统的水胶比、砂率等所能决定，其基本性能发生巨大改变。目前与混凝土相关的理论，如强度、耐久性、水化作用等，均不能很好地满足3D打印混凝土的要求。为使打印混凝土获得理想的状态，如高强度，良好的耐久性，良好的拌和性能，合适的凝固时间，良好的工作性、可泵性和可塑性，需要从新的角度去完善理论。

4）外加剂是现代混凝土必不可少的组分之一，是混凝土改性的一种重要方法和技术。因此，在进行混凝土原材料制备过程中，原材料计量应全程采用电子计量设备，计量允许偏差应符合表2-2的规定。

表2-2 原材料计量允许偏差

原材料品种	水泥	骨料	水	外加剂	掺合料
计量允许偏差（%）	±2	±3	±1	±1	±2

在材料输送方面，与模筑混凝土不同，3D打印建造技术对材料的要求更严格。为保证混凝土材料输送正常，要求打印材料不仅需要具有足够的流动性以保证材料顺利泵送并从喷嘴连续挤出，还需要有良好的保水性，避免因材料离析产生泵送管堵塞现象。材料在泵送过程中，需具有较低的刚度以保证其顺利泵送，提高浆体比例可保证有足够的水泥浆在骨料颗粒上形成润滑层，避免出现离析现象，有利于提高材料的泵送性。同时还应注意以下几点：

1）3D打印混凝土拌合物宜现场制备，并应严格按照要求的水料比称量用水量，搅拌时间不少于3min，当掺用纤维时，纤维应分批投入，并适当延长搅拌时间。

2）采用预拌混凝土时，混凝土拌合物宜根据可打印时间和打印进度分批制备，应保证连续供应。

3）将3D打印混凝土拌合物输送至打印头的输料设备选型应根据输送距离和输送高度确定。

4）打印制品不同，要求不同。用于结构3D打印的混凝土强度等级不宜低于C30，用于预制构件3D打印的混凝土强度等级不应低于C40，3D打印构件中填充的普通混凝土应满足设计要求且强度等级不宜低于C25。

5）粗骨料的要求。配置3D打印混凝土的粗骨料宜选用级配合理、粒形良好、质地坚固的碎石或卵石，最大粒径不应超过打印头出口内径的1/3，且不宜超过16mm。

6）细骨料的要求。配置3D打印混凝土的细骨料宜选用级配Ⅱ区的中砂。当3D打印混凝土中无粗骨料时，细骨料的最大粒径不应超过打印头出口内径的1/3。

7）配置3D打印混凝土可采用粉煤灰、粒化高炉矿渣粉、钢渣粉和硅灰等矿物掺合料，且满足国家现行有关标准的规定。当采用其他矿物掺合料时，应通过试验验证。

8）配置3D打印混凝土的外加剂、纤维、拌合水、养护水及其他材料，均应满足国家现行有关标准的规定。

2.5.4 打印

在正式打印施工前，应根据3D打印混凝土拌合物性能和打印设备性能进行可行性试验，确定打印工艺参数要求。3D打印建造技术的打印工艺参数主要包括打印速率、打印高度、挤出速率等。

根据《混凝土3D打印技术规程》（T/CECS 786—2020）要求，打印前应按表2-3检测混凝土拌合物的性能，满足要求且不得发生泌水泌浆和离析现象。

表 2-3 新拌 3D 打印混凝土要求及检验方法

项目		技术要求		检验方法
		骨料最大粒径/mm		
		≤5	5~16	
流动性	流动度/mm	160~220	—	《水泥胶砂流动度测定方法》（GB/T 2419—2016）
	坍落度/mm	—	80~150	《普通混凝土拌合物性能试验方法标准》（GB/T 50080—2016）
凝结时间/min		≤90		《建筑砂浆基本性能试验方法》（JGJ/T 70—2009）
可挤出性		连续均匀、无堵塞、无明显拉裂		观测
支撑性		挤出后形态保持稳定且不倒塌		观测

此外，在打印过程中还应注意：

1）3D 打印建造施工过程中应有专人进行实时监测，观察打印效果和打印设备运行状况，发现问题应立即调整或停止打印，问题解决后方可继续打印。

2）打印过程中，上、下两层间隔时间不宜超过混凝土拌合物的凝结时间。

3）原位 3D 打印建筑打印施工时，如遇高温、大风、雨、雪等恶劣天气，不宜进行打印。打印过程中因故暂停打印，继续打印时，应在界面处涂覆水泥基界面胶粘剂后继续打印。

4）当暂停时间过长或混凝土不能满足可打印性要求时，应及时清除输送设备和打印头中的混凝土。

5）打印完成应及时清洗搅拌设备、输送设备和打印头。

2.5.5 养护

3D 打印建造的构件或建筑物需进行及时养护，基本要求及注意事项如下：

1）水中养护对打印混凝土的性能有较大影响，主要原因在于水中养护会对打印混凝土的微观结构有一定的改善作用，填充打印混凝土在打印过程中造成的孔隙，从而改善打印混凝土的各项性能，因此在打印过程中，宜对已打印完成的未达到初凝的混凝土采取喷雾保湿措施，不应采用喷水保湿措施。

2）3D 打印混凝土打印完成后，待混凝土凝结硬化后开始采用喷淋或洒水保湿养护，养护时间不应少于7d，然后自然养护至28d后即可使用。通过减少水化早期干缩，可有效控制打印混凝土的开裂。

3）高温天气打印时，应设专人对已打印完成的混凝土表面进行检查和养护，保证混凝土表面湿润。在风速较大的环境下养护时，应采取防风措施。

思考题

1. 3D打印建造技术的主要工艺方法有哪些？
2. 3D打印建造技术系统的基本组成是什么？
3. 3D打印建造技术应用的一般性流程有哪些？在每个流程中需要注意哪些关键内容？

第 3 章　3D 打印建造的材料

> **本章重点**
>
> 1. 掌握 3D 打印建造技术常用的材料类型及特点
> 2. 了解 3D 打印建造用混凝土强度设计基本规范要求
> 3. 熟悉 3D 打印建造用材料的性能特点
>
> **本章难点**
>
> 区别不同类型 3D 打印材料的特点及优势

3D 打印建造不仅需要达到快速成型的要求，还要满足打印材料逐层之间的紧密连接，而不至于产生冷缝，从而实现 3D 打印构件或建筑的浑然一体，以及要求材料在管道内和喷头内能自由流动而不堵塞管道与喷头。基于此，3D 打印建造材料要求具备不同于传统一般混凝土等材料的特定性能，因而 3D 打印材料研究被认为是 3D 打印建造技术发展的核心内容之一。

本章介绍 3D 打印建造中所使用的主要材料类型及其性能特点，内容包括 3D 打印建造的主要材料、针对混凝土强度设计的一般规范性要求、3D 打印材料的基本性能特点及要求等。

3.1　3D 打印建造的主要材料

3D 打印用材料有别于传统建筑施工用材料，由于制备工艺比较特殊性的要求，材料的性能有明显改变，目前 3D 打印建造常用材料包括普通砂浆、纤维砂浆、再生砂浆、含粗骨料混凝土等。

3.1.1　普通砂浆

普通砂浆是指用无机胶凝材料、细骨料、水按照一定的配合比混合而成的砂浆，又称灰浆，供砌筑和抹灰工程使用，可分为砌筑砂浆和抹面砂浆两种，前者用于砖、石块、砌块等的砌筑以及构件安装；后者则用于墙面、地面、屋面及梁柱结构等表面的抹灰，以满足防护和装饰的要求等。

普通砂浆的种类很多，常见的有砂、石混凝土砂浆、粉煤灰砂浆、水泥基自流平砂浆、水泥砂浆等。普通砂浆材料中也可以使用石膏，石灰膏或者黏土掺纤维性增强材料加适量水制成的膏状物称为灰、膏、泥或者胶泥，这些都属于砂浆类，常见类型包括刀灰（掺入麻刀的石灰膏）、纸筋灰（掺入纸筋的石灰膏）、石膏灰（在熟石膏中掺入石灰膏及纸筋或玻璃纤维等）和掺灰泥（黏土中掺少量石灰和麦秸或稻草）。另外，根据组成材料，砂浆还可分为：①石灰砂浆：以石灰膏、砂和水为原料，按照一定的比例配制而成，通常用在对强度要求不太高、不易受潮湿的砌体和抹灰层；②水泥砂浆：以水泥、砂和水为原料，按照一定的比例配制而成，通常在潮湿环境中使用，也可以用于水中的砌体、墙面或地面等；③混合砂浆：由两种以上材料配制而成，可用作建筑外墙装饰用砂浆及混凝土结构修补砂浆，也可用来制作屋面防水涂料，在水泥或石灰砂浆中掺加适当掺合料如粉煤灰、硅藻土等制成，可以节约水泥或石灰用量，改善砂浆和易性。常用的混合砂浆有水泥石灰砂浆、水泥黏土砂浆和石灰黏土砂浆等。

3D 打印使用的普通砂浆有别于传统砂浆，其制备工艺相对比较特殊，材料的性能发生明显改变，不能直接像上述的传统工程材料通过改变水灰比或胶砂比来实现，一般需要添加可改变工作性能的化学外加剂等。通过对 3D 打印砂浆在不同外加剂用量下流变参数的测定（静态屈服应力、动态屈服应力等），分析不同外加剂掺量对 3D 打印混凝土流变性的影响规律试验研究，确定 3D 打印混凝土的最优配合比。许多学者针对 3D 打印混凝土的配合比开展研究，得出了较多发现，如高效减水剂能够降低油墨材料的屈服应力和塑性黏度，从而改善其流动性，而过量的减水剂则会显著降低可建造性。另外，采用增稠剂对于 3D 打印混凝土材料的性能影响明显，图 3-1 是增稠剂在不同添加量（质量分数）情况下，3D 打印砂浆的相对屈服应力及硬化后的相对抗压强度的变化情况，由此发现纤维素醚、纳米黏土、微晶纤维素及特种胶的掺入均可增强其初始屈服应力，但掺加纤维素醚会使硬化后的抗压强度降低。

有学者针对 3D 打印砂浆在硬化过程中力学性能的各向异性行为进行研究，提出可由各向异性系数进行评定。浇筑混凝土可近似看为各向同性材料，其 I_a 值为 0，3D 打印混凝土的 I_a 介于 0~1 范围内，数值越大，表明其各向异性指标越大，不同加载方向力学性能的差异越显著。通过一种硅酸盐水泥的 3D 打印材料的制备，并对该打印材料的新拌和硬化性能进行研究，表明初始黏度和初始屈服应力随着砂胶比的增大而增加，砂胶比和开放时间对 3D 打印混凝土的触变性有显著影响。此外，在 3D 打印混凝土配合比设计时，粉煤灰、硅灰、石灰石粉和高炉矿渣等均可用作辅助胶凝材料部分，在一定程度上代替水泥的作用。当前，3D 打印混凝土技术尚在起步阶段，配合比的设计方法尚不够一致，为了得到更好的打印性能，目前仍需要对 3D 打印混凝土配合比设计方法进行深入的研究。

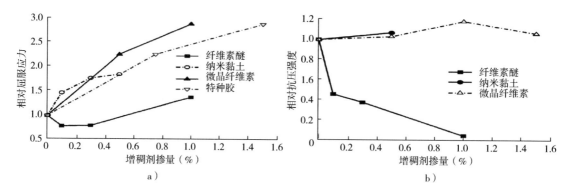

图 3-1　不同掺量增稠剂对砂浆 3D 打印相对屈服应力和相对抗压强度的影响
a）增稠剂掺量对相对屈服应力的影响　b）增稠剂掺量对相对抗压强度的影响

3.1.2　纤维砂浆

纤维对于混凝土/砂浆的抗压、抗拉、抗折等力学强度均有增强和提升作用，使其在打印过程中不容易断裂，使得打印过程更具有连续性。砂浆纤维是混凝土拌纤维、混凝土拌抗渗纤维。目前国内外对纤维砂浆的研究较少，且多集中于普通水泥混凝土，对于纤维砂浆的研究成果则很少，这给实际应用带来了很大不便。砂浆作为主要的建筑工程材料在施工过程中常表现出一定的性能缺陷，即脆性较大、抗拉强度低、干收缩较大、抗冲击性能差等缺点，使砂浆制品易产生裂缝，使建筑物的耐久性下降。纤维砂浆是为了克服上述缺陷而研发的砂浆产品之一，通常由在加工砂浆的过程中加入纤维和添加剂而成，制作较为简单。现有的纤维砂浆，其纤维成分大多为聚丙烯纤维、聚丙烯腈纤维、聚乙烯醇纤维和芳纶纤维其中的一种或者多种，而聚丙烯纤维、聚丙烯腈纤维、聚乙烯醇纤维和芳纶纤维都属于聚合物纤维，其强度和抗拉性等特性有限，往往不能满足使用者的需求。

为了改善混凝土性能，众多研究者广泛采用纤维增强混凝土的做法，例如自密实纤维混凝土、超高性能纤维混凝土等，常采用掺入不同种类的纤维作为提高其韧性和强度的方法，如掺入有机纤维、钢纤维、玄武岩纤维、碳纤维、玻璃纤维和 PE 纤维等。在 3D 打印建造的过程中连续嵌入钢筋比较困难，许多学者通过试验发现，在 3D 打印混凝土中加入纤维可以减少其干燥收缩现象；此外，纤维增强 3D 打印砂浆的制备试验也表明，其拉伸强度接近6MPa，6d抗压强度可达30MPa，纤维增强材料显著增加了剪切屈服应力，增强了打印形状的稳定性。例如，在3D打印砂浆中采用不同长度（3mm，6mm，8mm）和体积百分比（0.25%~1%）的玻璃纤维，不同长度的纤维在体积百分比增加至1%后，打印试件的力学性能均得到了改善；随着纤维掺量的增加，砂浆的抗弯性能逐渐改善，且均优于浇筑试样，但是大量纤维的加入会使得3D打印挤出时出现喷嘴阻滞的情况。

3.1.3 再生砂浆

再生砂浆指的是对废弃混凝土进行破碎、清洗、分级后，按照一定的比例混合形成再生细骨料，部分或全部的代替天然细骨料（规格0.16~5mm）配制的砂浆。与普通砂浆相比，再生砂浆易于施工，具有密度小、保水性好、与基层材料粘接良好且无起鼓、开裂等优点。

目前国内对废弃建筑材料的再回收处理还处于起步阶段，其中最为普遍的方式是建筑垃圾处理与建材生产相结合。受建筑打印材料的成本较高的因素限制，当前3D打印建造技术在我国未能全面推广，客观地讲，对于结构形式规整的建筑物，传统建筑材料浇筑方法在造价、质量等方面还存在较大优势；但针对形状复杂的不规整建筑构件制作时，3D打印混凝土技术的优势得到凸显。当利用建筑垃圾、工业垃圾和尾矿等作为主要原料来制备3D打印材料时，就能够降低3D打印建筑的成本。

现有研究表明，在3D打印砂浆中用再生骨料取代细骨料一般会降低其力学性能，在取代率不超过50%时，随着取代率的增加强度逐渐降低，如图3-2所示。表3-1汇总了用作3D打印"油墨"的不同来源固体废弃物的相关参数。其中，在3D打印混凝土中使用再生砂粉替代天然砂或水泥，发现再生砂粉对砂浆早期力学行为有显著影响，再生砂粉具有高吸水率，能够

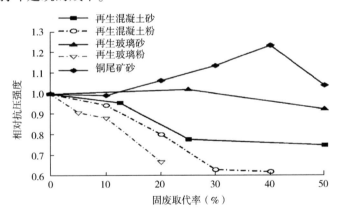

图3-2 不同固废取代率对3D打印砂浆相对抗压强度的影响

提高建筑材料的可建造性和早期强度，并减少开放时间，但也存在会降低其硬化后力学性能的缺点；使用铜尾矿和河底污泥烧制的陶砂替代天然砂制备3D打印砂浆发现，随着铜尾矿砂取代率的增加，砂浆流动性增加，降低了可建造性，且抗压强度出现了先上升后降低的现象，原因为铜矿尾砂微细颗粒为水化产物$Ca(OH)_2$晶体生长提供了大量新晶核，抑

制其在浆体与骨料界面过渡区的定向生长，界面过渡区的微结构有所改善，使得抗折强度提高，进而试验提出为了保证砂浆的可建造性，铜尾矿取代率推荐为40%。

表 3-1　不同来源固体废弃物的物理性能

再生料	来源	取代材料	最大粒径/mm	吸水率（%）	主要化学成分
再生砂	废弃混凝土骨料	细骨料	0.90	15.00	SiO_2，CaO
再生粉	废弃混凝土骨料	胶凝材料	0.16	13.50	SiO_2，CaO
再生玻璃砂	废弃玻璃	细骨料	1.70	0.07	SiO_2，Na_2O
再生玻璃粉	废弃玻璃	胶凝材料	0.15	0.07	SiO_2，Na_2O
铜尾矿砂	矿山尾矿	细骨料	0.18	7.40	SiO_2，Fe_2O_3

3.1.4　含粗骨料混凝土

混凝土中，砂、石发挥骨架作用，称为骨料或集料，其中粒径大于5mm的骨料称为粗骨料，常用的粗骨料有碎石及卵石两种。碎石是天然岩石、卵石或矿山废石经机械破碎、筛分制成的。一般情况下，粒径大于5mm的岩石颗粒，用其作为粗骨料配制成混凝土时可获得较高的工作性能；卵石是由自然风化、水流搬运和分选、堆积而成的、粒径大于5mm的岩石颗粒。卵石和碎石颗粒的长度大于该颗粒所属相应粒级的平均粒径2.4倍者为针状颗粒；厚度小于平均粒径0.4倍者为片状颗粒（平均粒径是指该粒级上、下限粒径的平均值）。碎石和卵石都含有大量的微细粒矿物成分，它们在不同程度上能降低水泥用量，改善砂浆性能，提高混凝土工作性与耐久性。粗骨料在混凝土中占据的体积最大，大概占混凝土总体积的40%，因而被称为混凝土骨架，且在混凝土漫长的水化反应过程中，粗骨料的体积不发生变化，最大程度保证了混凝土的体积稳定性，能够有效地减小混凝土拌合物硬化后的坍落度损失。所以，本质来说，在混凝土中使用粗骨料是为了提高混凝土的体积稳定性，使混凝土形成稳定结构。此外，多用粗骨料可以减少胶凝材料的用量，对工程而言不仅是经济的选择，因为减少胶凝材料用量就很大程度减少了混凝土的收缩，从而可进一步提高混凝土的体积稳定性。但粗骨料品种选择不当也会给混凝土的体积稳定性、工作性甚至强度带来负面的影响。

当前3D打印混凝土材料研究中使用的骨料大多为粒径在5mm以下的细骨料，骨料粒径过大会导致喷嘴堵塞；粒径过小会使包裹骨料所需浆体的比表面积增大，单位时间内水化热偏高，导致后期干缩开裂现象明显。有学者针对最大骨料粒径为8mm的3D打印混凝土进行了试验研究，结果表明含粗骨料的3D打印混凝土在90min内具有良好的可挤出性和可建造性，在最大荷载方向的力学性能与浇筑试样相差较小。如图3-3所示为不同骨料粒径对砂浆相对抗压强度的影响，可见骨料粒径在0.1~4.75mm范围内时，随着骨料粒径的增大，砂浆的抗压强度逐渐增大，当骨料粒径大于 4.75mm 时，碎石混凝土的抗压强度反而降低；陶粒混凝土粒径越大，会使砂浆和粗骨料的界面粘结性能降低，形成更薄弱的界面过渡区。

粗骨料的加入可以降低水泥用量，加快 3D 打印建造速度，在生产构件体积不变的情况下，所使用的成本会更低。由此可见，在 3D 打印混凝土中加入粗骨料是今后 3D 打印建筑材料发展的趋势。

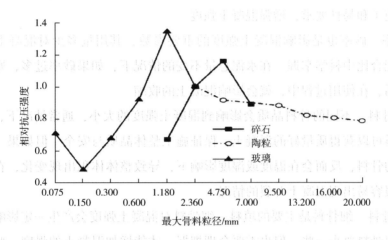

图 3-3　不同骨料粒径对砂浆相对抗压强度的影响

3.2　混凝土强度设计

3.2.1　混凝土强度影响因素

在工程项目施工建设中，所应用的混凝土材料多是由相应比例的水、粗细骨料和胶凝材料等配制形成，其中，粗细骨料所占的比重最大，其次为水、水泥等组成的水泥浆。在混凝土配制中设置不同的基础材料配合比，通过水泥浆对粗细骨料的包裹以及空隙充填，形成工程施工中的混凝土。其中，配合比的设计直接影响混凝土的配制效果与质量。通常在混凝土材料的配制中，其配合比的设计是将按照相应配合比配制成的混凝土工程，通过 28d 标准养护并根据对其抗压强度的变化结果来设计调整混凝土的配合比，以保证其质量效果最优。但是，随着社会经济建设发展与工程项目施工需求的变化，这种混凝土配合比设计方法由于自身的设计调配周期较长以及材料变化适用性差等局限性，在混凝土配制设计中应用越来越少。

混凝土强度好坏与配合比的关系极大，但是在配合比设计时，却受到各种因素影响，主要受到水泥性能、水胶比、粗细骨料影响：

（1）水泥性能　水泥是混凝土中最具备活性的成分，其对混凝土影响最大，如果水泥强度大则混凝土强度就大，反之就会变小。实际上，混凝土抗压强度与混凝土使用水泥强度成正比关系，在固定配合比的情况下，水泥强度越高，则混凝土的强度越高。

（2）水胶比　混凝土强度也受到水胶比的影响，水胶比越小，则水泥混凝土强度也就越高；水胶比越大，混凝土强度就会越低。在实际配合比中，需要合理科学地掌握好水胶比例，满足施工和易性要求，增强混凝土强度。

（3）砂率　砂率也是影响混凝土强度的重要参数，其用量多少对混凝土稠度影响极大，需要在配合比中科学掌握。在水泥总量不变的情况下，如果砂率过多，则会导致混凝土水泥浆过稀，在使用过程中，就会影响混凝土的收缩。

（4）粗骨料　不同的骨料品质会影响到混凝土强度的大小，通常情况下，强度和弹性模量高的骨料可以获得质量好的混凝土，保证施工整体品质与安全。但如果一味使用强度大、硬度高的骨料，反而会在温度或湿度影响下，导致整体体积出现变化，在一定的应力作用下，会很容易出现混凝土开裂的情况。

（5）细骨料　细骨料是主要的填料，细骨料对混凝土强度会产生一定影响，虽然整体影响程度比粗骨料要小一些，但也需要合理把握，才能增加混凝土的强度。此外，在施工现场要使用到各种骨料，需要通过配合比，合理掌握好骨料情况，发挥各自的功能作用，把握好含水率，及时对水胶比进行调整，这样才能发挥骨料作用，提升整体强度。

（6）骨灰比　水胶比如果总量相当，混凝土强度就会随骨灰比增长出现一定量的增长，影响这种比值的因素与骨料数量增大、骨料吸水量增大、实际水胶比变小有着最为直接的关系。为了进一步增强强度，需要适当增大骨灰比，以此保证水泥胶结作用的全面发挥。

（7）单位用水量　单位用水量多少对配合比影响较大，须严格执行规范设计，根据试验参数选择比例，混凝土坍落度、粗骨料品种及粗细骨料最大粒径是决定单位用水量的关键。

3.2.2　配置强度设计

3D打印建造混凝土材料配置强度设计需严格依据现有的相关标准规范开展，如《混凝土3D打印技术规程》（T/CECS 786—2020）、《3D打印混凝土基本力学性能试验方法》（T/CBMF 183—2022）、《3D打印混凝土拌合物性能试验方法》（T/CBMF 184—2022）等，在计算混凝土配制强度时，应考虑3D打印工艺导致的混凝土强度损失问题，且在3D打印混凝土配制时，其强度应按下列规定确定：

1) 当混凝土的设计强度等级小于C60时，配制强度应按下式确定：

$$f_{cu,0} \geq (1+x)f_{cu,k} + 1.645\sigma \tag{3-1}$$

式中 $f_{cu,0}$——混凝土配制强度（MPa）；

$f_{cu,k}$——混凝土立方体抗压强度标准值（MPa），这里取混凝土的设计强度等级值；

σ——混凝土强度标准差（MPa）；

x——混凝土强度损失率（%）。

2) 当混凝土的设计强度不小于C60时，配制强度应按下式确定：

$$f_{cu,0} \geq (1.15+x) \times 1.15 f_{cu,k} \tag{3-2}$$

针对3D打印混凝土强度的标准差应按照以下规定执行：

1) 当具有3个月以内的同一品种、同一强度等级的3D打印混凝土强度资料，且试件组数不小于30组时，其混凝土强度标准差 σ 应按下式计算：

$$\sigma = \sqrt{\frac{\sum_{i=1}^{n} f_{cu,i}^2 - nm_{fcu}^2}{n-1}} \tag{3-3}$$

式中 σ——3D打印混凝土强度标准差（MPa）；

$f_{cu,i}$——第 i 组的试件强度（MPa）；

m_{fcu}——n 组试件的强度平均值（MPa）；

n——试件组数。

对于强度等级不大于C30的混凝土，当混凝土强度标准差计算值不小于3.0MPa时，应按式（3-3）计算结果取值；当混凝土强度标准差计算值小于3.0MPa时，应取3.0MPa。

对于强度等级大于C30且小于C60的混凝土，当混凝土强度标准差计算值不小于4.0MPa时，应按式（3-3）计算结果取值；当混凝土强度标准差计算值小于4.0MPa时，应取4.0MPa。

2) 当没有近期的同一品种、同一强度等级的3D打印混凝土强度资料时，或当采用非统计方法评定强度时，3D打印混凝土强度标准差 σ 可按表3-2取值。

表3-2 强度标准差 σ 取值表

混凝土强度等级	≤C20	C25~C45	C50~C55
σ/MPa	4.0	5.0	6.0

混凝土强度损失率应根据3D打印工艺通过试验确定，无法通过试验确定时可取15%。

3.2.3　设计参数

3D 打印混凝土的设计参数主要包括水胶比、胶凝材料、骨料、矿物掺合料等，具体的参数及用量与混凝土设计强度取值如下：

1）3D 打印混凝土配合比设计的水胶比可根据混凝土的设计强度按表 3-3 选取。

表 3-3　不同强度等级 3D 打印混凝土的水胶比范围

强度等级	C20	C30	C40	C50	C60
水胶比	0.40~0.46	0.36~0.42	0.34~0.40	0.30~0.36	0.28~0.34

2）3D 打印混凝土配合比设计的胶凝材料和骨料的用量，根据胶凝种类和性质以及骨料的性能与品质进行选定，并保证设计的混凝土性能符合 3D 打印施工工艺要求及结构设计要求；在 3D 打印混凝土中细骨料单位体积用量由单位体积的胶凝材料、单位体积用水量以及打印混凝土的可打印性能确定；3D 打印混凝土中粗骨料的用量由 3D 打印混凝土性能、3D 打印混凝土输送设备、3D 打印头出料口宽度决定，具体用量由试验确定；胶凝材料与骨料用量体积比可按表 3-4 选取。

表 3-4　胶凝材料与骨料用量体积比

强度等级	C20	C30	C40	C50	C60
胶凝材料/骨料（体积比）	0.52~0.65	0.57~0.70	0.65~0.74	0.70~0.81	0.74~0.87

3）3D 打印混凝土配合比设计中的矿物掺合料可按表 3-5 选取，不同种类矿物掺合料的最大掺量宜符合表 3-6 的规定。

表 3-5　不同强度等级的 3D 打印混凝土中的矿物掺合料用量

强度等级	C20~C30	C30~C40	C40~C50	C50~C60	C60~C70
掺合料	≤50%	≤40%	≤30%	≤20%	≤10%

表 3-6　不同种类矿物掺合料的最大掺量

矿物掺合料种类	最大掺量（%）			
	采用硅酸盐水泥时	采用普通硅酸盐水泥时	采用其他通用硅酸盐水泥时	采用非硅酸盐体系水泥时
粉煤灰	45	35	15	30
粒化高炉矿渣粉	50	45	20	30
钢渣粉	30	20	10	20
磷渣粉	30	20	10	20

（续）

矿物掺合料种类	最大掺量（%）			
	采用硅酸盐水泥时	采用普通硅酸盐水泥时	采用其他通用硅酸盐水泥时	采用非硅酸盐体系水泥时
硅灰	10	10	10	10
复合掺合料	50	45	20	30

注：1. 采用其他通用硅酸盐水泥时，宜将水泥混合材掺量20%以上的混合材量计入矿物掺合料。

2. 复合掺合料各组分的掺量不宜超过单掺时的最大掺量。

3. 在混合使用两种或两种以上矿物掺合料时，矿物掺合料总掺量宜符合表中复合掺合料的规定。

3.2.4 配合比计算与调整

3D打印混凝土配合比应根据结构设计、施工条件以及环境条件所要求的打印性能进行设计，在综合可打印性、力学性能与耐久性要求的基础上提出试验配合比。其配合比设计宜采用质量分数法，当含有粗骨料时，每立方米混凝土拌合物质量可取2350~2450kg；当不含粗骨料时，每立方米混凝土拌合物质量可取2150~2250kg。

3D打印混凝土配合比设计应按下列步骤进行：

1）骨料的最大粒径应根据结构设计和3D打印设备出料口尺寸进行确定。

2）3D打印混凝土配制强度应按本章3.2.2节进行计算。

3）3D打印混凝土的水胶比应根据本章3.2.3节选取。

4）每立方米3D打印混凝土中胶凝材料和骨料的体积比应按本章3.2.3节选择，可按下式计算：

$$V_b/V_s = \frac{m_b/\rho_b}{m_s/\rho_s} \tag{3-4}$$

式中 V_b/V_s——胶凝材料和骨料的体积比；

m_b——每立方米3D打印混凝土中胶凝材料的用量（kg）；

ρ_b——胶凝材料的表观密度（kg/m³）；

m_s——每立方米3D打印混凝土中骨料的用量（kg）；

ρ_s——骨料的表观密度（kg/m³）。

5）每立方米混凝土中用水的质量应根据每立方米混凝土中胶凝材料质量以及水胶比确定，并可按下式计算：

$$m_w = m_b(m_w/m_b) \tag{3-5}$$

式中 m_w——每立方米3D打印混凝土中水的质量（kg）；

m_w/m_b——3D打印混凝土的水胶比。

6）每立方米混凝土中水泥和矿物掺合料的质量应按下列公式计算用量：

$$m_f = m_b \beta_f \tag{3-6}$$

$$m_c = m_b - m_f \tag{3-7}$$

式中 m_f——每立方米 3D 打印混凝土中矿物掺合料用量（kg）；

m_b——每立方米 3D 打印混凝土中胶凝材料用量（kg）；

β_f——矿物掺合料掺量（%）；

m_c——每立方米 3D 打印混凝土中水泥用量（kg）。

7）根据 3D 打印混凝土拌合物性能要求，选取外加剂种类并根据试验确定用量，按下式计算：

$$m_a = m_b \alpha \tag{3-8}$$

式中 m_a——每立方米 3D 打印混凝土中外加剂的质量（kg）；

α——每立方米 3D 打印混凝土中外加剂占胶凝材料总量的质量百分数（%）。

8）3D 打印混凝土的配合比可按下式进行计算：

$$m_c + m_b + m_s + m_a = m_{cp} \tag{3-9}$$

式中 m_s——每立方米 3D 打印混凝土中骨料的质量（kg）；

m_{cp}——每立方米 3D 打印混凝土拌合物的假定质量（kg）。

9）3D 打印混凝土配合比设计中各材料用量应根据式（3-1）~式（3-9）计算得出。

计算得出的 3D 打印混凝土配合比应通过试配进行调整：3D 打印混凝土试配时应采用工程实际使用的原材料，每盘混凝土的最小搅拌量不宜小于 20L；按照计算的混凝土配合比进行试拌，检查拌合物的可打印性和可打印时间，当拌合物可打印性和可打印时间不能满足要求时，宜保持胶凝材料不变，合理调整外加剂用量、用水量及骨料用量等，直到符合要求为止，并根据试拌结果提出混凝土强度试验用的基准配合比；3D 打印混凝土强度试验时以基准配合比为基础，保持胶凝材料不变，计算基准水胶比±0.02 的两个水胶比参数，外加剂用量根据基准配合比试验结果适当调整，分别按三个配合比拌制混凝土，并测试拌合物的可打印性和可打印时间；强度试验时每种配合比至少应制作两组试件，标准养护条件下，分别测定 1d 和 28d 混凝土抗压强度；根据 3D 打印混凝土试配结果选取拌合物性能和抗压强度满足设计和施工要求的配合比作为选定配合比；在选定配合比的基础上，按照《普通混凝土配合比设计规程》（JGJ 55—2011）的规定进行配合比的调整与确定，确定的配合比即为设计配合比。

3.3 打印材料的性能特点及要求

用于 3D 打印建造的"油墨"材料目前以水泥为主要胶凝材料，纤维为主要增强材料，由加入粗、细骨料和外加剂配制而成。其中，水泥除了应用最广的普通硅酸盐水泥外，还有硫铝酸盐水泥等。

考虑到3D打印混凝土建筑是以无模板、逐层挤出并堆叠的方式建造的，所以3D打印建筑材料通常需要满足流动性、挤出性、可建造性及开放时间等要求，以确保印刷时不屈曲、不变形，且不应对人体、对生物和环境产生危害。另外，用于结构构件的3D打印混凝土强度等级不宜低于C30，预应力3D打印预制构件的混凝土强度等级不宜低于C40；3D打印建造的建筑用钢筋应符合现行国家标准《钢筋混凝土用钢 第2部分：热轧带肋钢筋》（GB 1499.2—2018）和《钢筋混凝土用余热处理钢筋》（GB 13014—2013）；3D打印墙体或构件中填充的混凝土材料应符合设计要求，且强度等级不应低于C25；钢筋焊接应符合现行的行业标准《钢筋焊接及验收规程》（JGJ 18—2012）的相关规定。除此之外，因其特性不同而做出的要求还包括：

1) 3D打印混凝土拌合物不应离析和泌水，凝结时间应满足可打印时间的要求。

2) 3D打印混凝土拌合物的流动性、可挤出性和支撑性宜符合表3-7的规定。

表3-7　混凝土可打印性要求及检验方法

项目		技术要求		检验方法
		骨料粒径/mm		
		≤5	5~16	
流动性	流动度/mm	160~220	—	参照GB/T 2419—2016
	坍落度/mm	—	80~150	参照GB 50080—2016
可挤出性		连续均匀、无堵塞、无明显拉裂		观察
支撑性		挤出后形态保持稳定且不倒塌		观察

3) 硬化混凝土的力学性能应符合设计要求，试验方法应符合现行国家标准《普通混凝土物理力学性能试验方法标准》（GB/T 50081—2019）的规定，打印强度折减率和层间粘结强度宜符合表3-8的规定。

表3-8　硬化混凝土性能技术要求

项目	技术要求	
打印强度折减率（%）	≤20	
层间劈裂抗拉强度/MPa	C20	1.0
	C30	1.5
	C40	2.5
	C50	4.0
	C60	5.0
层间粘结强度/MPa	≥1.5	

4) 硬化混凝土力学性能、长期和耐久性能除应满足工程设计、施工和应用环境要求，尚应符合国家现行有关标准《混凝土结构设计规范》（GB 50010—2010）、《砌体结构设计规范》（GB 50003—2011）和《普通混凝土长期性能和耐久性能试验方法标准》（GB/T 50082—2009）的规定。

思考题

1. 3D打印建造用的材料与传统建筑施工所用材料有什么特别要求？主要材料类型包括哪些？
2. 3D打印混凝土强度设计的主要影响因素有哪些？
3. 3D打印材料的性能特点是什么？在其制备和使用中有什么特别要求？
4. 3D打印材料未来可能的发展方向体现在哪些方面？

第 4 章　3D 打印建造的处理技术

> **本章重点**

1. 掌握 3D 打印建造技术的基本步骤
2. 熟悉 3D 打印建造技术各工作流程的技术内容
3. 了解 3D 打印建造各工作流程涉及的主要方法或软件系统等

> **本章难点**

1. 能够理解 3D 打印建造技术的各工作流程及其之间的关系，进而深入理解 3D 打印建造的实现原理
2. 能够认识到各工作流程的注意要点，并了解目前使用的各项具体技术或方法的优缺点及适用范围，能够进行方案优选

3D 打印建造在实际施工打印过程中，将建筑的图形设计模型转化成三维信息，通过设定好的打印路径，将凝结时间短、强度发展快、触变性好的材料由喷嘴挤出，逐层叠加累积成型。打印设计和执行全过程需以软件及算法为支撑，涉及的工艺方法较多且适用性及应用范围存在差异。因此，3D 打印建造的处理技术呈现出一定复杂性和多样性，不仅仅是简单的软件操作。

本章将较为系统地介绍 3D 打印建造的处理技术及其流程，涵盖的流程主要包括 3D 建模方法、3D 模型的 STL 格式化数据处理、3D 模型的分层切片处理、层片路径规划和加工与后处理等。

4.1　3D 建模方法

4.1.1　建模概述

3D 建模是指在计算机上创建产品 3D 数字几何模型，拥有完整的 3D 几何信息和材料

颜色、纹理等其他非几何信息。3D建模在现代设计和制造中处于中心地位，基于3D模型的研究可以生成STL格式文件用于3D打印。

3D建模方式分为正向工程和逆向工程两大类三小类：一是使用3D软件直接建模，属于正向工程，即从现有实物中得到3D数字化模型；二是由仪器设备进行扫描测量构建三维空间坐标，能便捷地将建筑实物信息变成计算机可直接进行处理的数字信号，例如3D扫描仪；三是基于二维断层图像建模，如使用CT、MRI医学图像，借助数据处理软件和CAD系统构建3D医学模型。后两者均属于逆向工程（又称为反求工程），即以现有产品为蓝本，在消化、吸收现有产品结构、功能或技术的基础上构建3D模型，如图4-1所示。

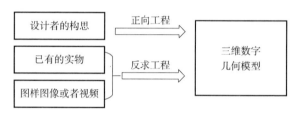

图4-1　产品设计中的正向工程和反求工程

4.1.2　计算机软件辅助设计的三维模型构造

用计算机软件进行三维辅助设计，根据打印目标物要求设计其三维模型，或将已有产品的二维三视图转换成三维模型。目前可选择多种三维模型的形体表达方法，常见的构造方法有以下几种：

（1）构造实体几何法　构造实体几何法又称为积木块几何法，用布尔（Boolean）运算法则（并、交、减）将一些较简单的体素（如立方体、圆柱体、环锥体）进行组合，得到复杂形状的三维模型实体。其优点是数据结构比较简单，无冗余的几何语言，所得到的实体真实有效，并且能方便地进行修改；缺点是可用于产生和修改实体的算法有限，构成图形的计算量很大，比较费时间。

（2）边界表达法　边界表达法是根据顶点、边和面构成的表面来精确地描述三维模型实体。它具有能快速绘制立体或线框模型的优点，但也存在数据是以表格形式出现、空间占用量大、修改设计不如CSG法简单等缺点，如要修改实心立方体上的一个简单孔的尺寸，必须先用填实来删除这个孔，然后才能绘制一个新孔；所得到的实体不一定总是真实有效，可能出现错误的孔洞和颠倒现象。

（3）参数表达法　对于自由曲面，难以用传统体素进行描述，可采用参数表达法。这类方法借助参数化样条、贝塞尔（Bezier）曲线和B样条曲线来描述自由曲面，其每一个

X、Y、Z 坐标都以参数化形式呈现。各种参数表达法的差别仅在于对曲线的控制水平，即局部修改曲线而不影响临近部分的能力，以及建立几何模型的能力。其中较好的一种是非均匀有理 B 样条（Nurbs）法，它能表达复杂的自由曲面，允许局部修改曲率，能准确地描述体素。为了综合以上各方法的优点，现代 CAD 系统常采用 CSG、Brep 和参数表达法的组合表达法。

（4）单元表达法　单元表达法起源于有限元分析等软件，软件中要求将表面离散成单元，典型的单元有三角形、正方形和多边形。在 3D 打印技术中采用的三角形近似（将三维模型转化成 STL 格式文件），是单元表达法在三维表面的应用形式。

4.1.3　反求工程设计的三维模型构造

传统的产品设计流程是一种预定的顺序模式，即从市场需求抽象出产品的功能描述（规格及预期指标），然后进行概念设计，在此基础上进行总体及详细设计，制订工艺流程，设计模板、机器具，完成加工及装配，这种模式的前提是已完成了产品的蓝图设计或其 CAD 造型。然而，在很多场合下设计的初始信息状态不是 CAD 模型，而是各种形式的物理模型或实物样件，若要进行仿制或再设计，必须对实物进行三维数字化处理，数字化手段包括传统测绘及各种先进测量方法，这一模式即为反求工程。

反求工程技术与传统产品的正向设计方法不同。它是根据已存在的产品或零件原型构造产品或零件的工程设计模型，在此基础上对已有产品进行剖析、理解和改进，是对已有设计的再设计。与产品正向设计过程相反，反求工程基于已有产品设计新产品，通过研究现存的系统或产品，发现其规律，通过复制、改进、创新，从而超越现有产品或系统的过程。它不是仅对现有产品进行简单的模仿，而是对现有产品进行改造、突破和创新。反求工程具体表现为对已有物体的参照设计，通过对实物的测量，构造物体的几何模型，进而根据物体的具体功能进行改进设计和制造。

在反求工程中，准确、快速、完备地获取实物的三维几何数据，即对物体的三维几何形面进行三维离散数字化处理，是实现反求工程的重要步骤之一。常见的物体三维几何形状的测量方法基本可分为接触式和非接触式两大类，而测量系统与物体的作用有光、声、机、电等方式。现有的测量方法包括：

（1）接触式测量方法

1）触发式接触测量法。触发式接触测量头一次采样只能获取一个点的三维坐标值。20 世纪 90 年代初，英国 Renishaw 公司研制出一种三维力—位移传感的扫描测量头，该测头可以在工件上滑动测量，连续获取表面的坐标信息，扫描速度可达 8m/s，数字化速度最高可达 400dot/s，精度约为 0.03mm。这种方法的主要优点是测量精度高、适应性强，但一般接触式测头测量效率低,而且对一些软质表面无法进行反求工程测量。

2)层析法。层析法是将零件原形填充后,采用逐层铣削和逐层光扫描相结合的方法获取零件原形不同位置截面的内外轮廓数据,并将其组合获得零件三维数据。其优点在于可以对任意形状、任意结构零件的内外轮廓进行测量,但测量方式是破坏性的。

(2) 非接触式测量方法 非接触式测量根据测量原理的不同,大致有光学测量、超声波测量、电磁测量等方式。以下仅将在反求工程中最为常用与较为成熟的光学测量方法(含数字图像处理方法)做简要说明。

1)基于光学三角形原理的反求工程扫描法。基于光学三角形原理的反求工程扫描法根据光学三角形测量原理,以光作为光源,其结构模式可以分为光点、单线条、多光条等,将其投射到被测物体表面,并采用光电敏感元件在另一位置接收激光的反射能量,根据光点或光条在物体上成像的偏移,通过被测物体平面、像点、像距等之间的关系计算物体的深度信息。

2)基于相位偏移测量原理的莫尔条纹法。基于相位偏移测量原理的莫尔条纹法将光栅条纹投射到被测物体表面,光栅条纹受物体表面形状的调制,其条纹间的相位关系会发生变化,用数字图像处理的方法解析出光栅条纹图像的相位变化量来获取被测物体表面的三维信息。

3)基于工业 CT 断层扫描图像反求工程法。基于工业 CT 断层扫描图像反求工程法对被测物体进行断层截面扫描,以 X 射线的衰减系数为依据,经处理重建断层截面图像,根据不同位置的断层图像可建立物体的三维信息。该方法可以对被测物体内部的结构和形状进行无损测量。该方法造价高,测量系统的空间分辨率低,获取数据时间长,设备体积大。

4)立体视觉测量方法。立体视觉测量是根据同一个三维空间点在不同空间位置的两个(或多个)摄像机拍摄的图像中的视差,以及摄像机之间位置的空间几何关系来获取该点的三维坐标值。立体视觉测量方法可以对处于两个(或多个)摄像机共同视野内的目标特征点进行测量,而无须伺服机构等扫描装置。立体视觉测量面临的最大困难是空间特征点在多幅数字图像中提取与匹配的精度和准确性等问题。近来出现了以将具有空间编码特征的结构光投射到被测物体表面制造测量特征的方法,有效解决了测量特征提取和匹配的问题,但在测量精度与测量点的数量上仍需改进。

常用的扫描机有传统的坐标测量机(Coordinate Measurement Machine,CMM)、激光扫描仪(Laser Scanner)、零件断层扫描机(Cross Section Scanner),以及 CT(Computer Tomography,计算机 X 射线断层照相术)和 MRI(Magnetic Resonance Imaging,磁共振成像)。

4.1.4 常见3D建模软件介绍

基于计算机的3D建模划分为线框建模、实体建模和曲面建模三种类型，实体建模派生了若干建模类型，如特征建模和参数化建模等。线框建模描述的是产品的轮廓外形，是由一系列的直线、圆弧、点和自由曲线构成；曲面建模也称表面建模，除了点和线的信息外，还加入了面的信息，可以认为是线框模型表面覆盖了一层外皮，但物体表面的边界之间是无关的，不能进行分析和计算；实体建模就是通过实体及其之间的关系，表示对象的几何形状，对3D物体的面、边和顶点的信息进行了完整定义，可进行运动学分析、动力学分析、干涉检查。

当前主流的三维建模软件包括NX、Pro/Engineer、UG、CATIA和SolidWorks等软件。使用这些三维设计软件，能够缩短产品设计周期，在单一的平台下即可完成零件的设计、装配、CAE分析、工程图绘制、CAM加工、数据管理等工作。目前，3D打印建造行业中常用的CAD软件见表4-1。

表4-1 常用的CAD软件

软件名称	所属公司	软件名称	所属公司
AutoCAD	Autodesk（欧特克）	Inventor	Autodesk（欧特克）
CERO	Parametric Technology Co.	SolidEdge	Siemens（西门子）
NX	Siemens（西门子）	CAXA	北京数码大方科技股份有限公司
CATIA	Dassault System（达索系统）	中望CAD	广州中望龙腾软件股份有限公司
SolidWorks	Dassault System（达索系统）	KEYCREATOR	Kubotek

各软件特点简要总结如下：

1) Pro/Engineer界面简单，运行速度快，在进行曲面建模时有很大的曲线自由度，但与此同时对曲线的控制却不易。家电、模具行业的小公司运用该软件建模的居多。

2) UG、CATIA在汽车、航空等领域中得到了广泛应用，特别是CATIA成为了波音公司的御用设计平台。这两个软件无论是在曲面造型还是CAM，均有十分显著的优势，拥有强大的曲线架构及编辑功能，在进行正向或反求造型时得心应手。针对模具设计、汽车设计、CAM加工等都有独立的设计模块，但是在Windows打印的设置上容易出现一些问题。

3) SolidWorks是一款完全建立在Windows上的三维设计平台，其主体功能与Pro/Engineer、UG、CATIA相似，但是它兼容了中国国标，可直接抽取部分标准件及图框等，且价格低廉。

4）计算机辅助设计软件生成的模型文件输出格式有多种，常用的格式包括 IPGL、HPGL、STEP、DXF 和 STL 等，其中 STL 格式是目前建筑行业 3D 打印普遍采用的文件格式之一。

4.2　3D 模型的 STL 格式化数据处理

4.2.1　STL 格式文件规则

STL 格式文件的规则如下：

（1）共顶点规则　每个平面小三角形必须与其相邻的平面小三角形共用两个顶点，即一个平面小三角形的顶点不能落在相邻的任何一个平面小三角形的边上。

（2）取向规则　用平面小三角形中的顶点排序来确定其所表达的表面是内表面或外表面，反时针的顶点排序表示该表面为外表面，顺时针的顶点排序表示该表面为内表面。按照右手法则，当右手的手指从第一个顶点出发，经过第二个顶点指向第三个顶点时，拇指将指向远离实体的方向，这个方向也就是该小三角形平面的法向量方向。而且，对于相邻的小三角形平面，不能出现取向矛盾。

（3）取值规则　每个小三角形平面的顶点坐标值必须是正数，零和负数是错误的。

（4）合法实体规则　STL 格式文件不得违反合法实体规则，又称充满规则，即在三维模型的所有表面上，必须布满小三角形平面，不得有任何遗漏（不能有裂缝或孔洞）；不能有厚度为零的区域；外表面不能从其本身穿过。

4.2.2　数据转换及传输

目前，大部分 3D 打印系统中，获得的打印模型都会转换成 STL 的文件格式。这种格式由美国 3Dsystems 公司开发，是和成型工艺相配合的一种较为简单的语言。自 1990 年以来，几乎所有的 CAD/CAM 制造商都在他们的系统中整合了 CAD-STL 界面。STL 格式数据是一种用大量的三角面片逼近曲面来表现三维模型的数据格式，数据精度直接取决于离散化时三角形的数目。一般地，在 CAD 系统中输出 STL 文件时，设置的精度越高，STL 数据的三角形数目越多，文件就越大。特别是，复杂表面采用数量较多的三角形逼近，STL 文件就会非常大。

除此之外，在使用小三角形平面来近似接近三维实体时，会存在曲面误差，缺失颜色、纹理、材质、点阵等属性。2010 年，一种更完善的 AMF 语言格式开始兴起，逐渐取代 STL，便于增材制造设备固件读取更为复杂、海量的 3D 模型数据。AMF 作为新的基于

XML 的文件标准，弥补了 CAD 数据和现代增材制造技术之间的差距。这种文件格式包含用于制作增材制造零件的所有相关信息，包括打印成品的材料、颜色和内部结构等。标准的 AMF 文件包含 object、material、texture、constellation、metadata 五个顶级元素，一个完整的 AMF 文档至少要包含一个顶级元素。增材制造文件格式（AMF）版本 1.1 是一个改进的新标准。这个标准由美国材料与试验协会（ASTM）和国际标准化组织（ISO）于 2013 年联合推出，满足了日益增长的可提供产品详细特性的合规且可互换的文件格式的需求。

4.2.3 STL 格式文件的错误和纠错软件

目前，典型的 CAD 软件系统都有产生 STL 格式文件的模块，只需调用相关模块就能将 CAD 系统构造的三维模型转换成 STL 格式文件，并在屏幕上显示出转换后的 STL 格式模型（即由一系列三角形平面组成的三维模型表面）。然而，由于 CAD 软件和 STL 文件格式自身的问题，以及转换过程造成的错误，所产生的 STL 格式文件难免有少量的缺陷，其中最常见的有以下几种：

（1）出现违反共顶点规则的三角形　三角形的顶点落在相邻三角形的边上，违反了共顶点规则。

（2）出现违反取向规则的三角形　进行 STL 格式转换时，会因未按正确的顺序排列构成三角形的顶点而导致计算机所得法向量的方向相反。为了判断是否正确，可将怀疑有错的三角形的法向量方向与相邻的一些三角形的法向量相比较。

（3）出现错误的裂缝或孔洞　进行 STL 格式转换时，由于数据输入的误差会造成一个点同时处于多个位置，因此，在显示的 STL 格式模型上，会有错误的孔洞或裂缝。应在这些孔洞或裂缝中增补若干小三角形平面，从而消除错误。

（4）三角形过多或过少　进行 STL 格式转换时，若转换精度选择不当，会出现三角形过多或过少的现象。当转换精度选择过高时，产生的三角形数量过多，所占用的文件空间量太大，可能超出增材制造系统所能接受的范围，并出现一些莫名其妙的错误，导致成型困难；当转换精度选择过低时，产生的三角形数量过少，造成成型件的形状、尺寸精度不能满足要求。遇有上述情况时，应适当调整 STL 格式的转换精度。

（5）微小特征遗漏或出错　当三维 CAD 模型上有非常小的特征结构（如很窄的缝隙、筋条或很小的凸起等）时，可能难以在其上布置足够数目的三角形小平面，致使这些特征结构遗漏或形状出错，或者在后续的切片处理时出现错误、混乱。对于这类问题总是比较难以解决，因为如果要想用更高的转换精度（即更小尺寸和更多数目的三角形小平面），以及更小的切片间隔来克服这类缺陷，必然会使占用的文件空间量更大，造成打印系统困难。

在快速成型机开始工作之前，应对 CAD 系统产生的 STL 格式文件进行检查。目前，已有多种用于观察、纠错和编辑（修改）STL 格式文件的专用软件，见表 4-2。

表 4-2 观察、纠错和编辑 STL 格式文件的专用软件

软件名称	开发公司	运行环境	功能
Rapid Prototyping Module（RPM）4.0	Imageware USA	UNIX Windows	观察，侦错，修改，能将模型分成两个以上的 STL 文件
Rapid Editor	Desk Artes OyFinland	UNIX	观察，侦错，修改
Pogo 3.0	POGO USA	Windows	观察，缩放，移动，复制，STL 与 DXF、OBJ 格式之间的双向转换
Solid View	Solid Concept USA	Windows	观察，测量，编辑
SolidView/RP	Solid Concept USA	Windows	取截面，移动，缩放，镜像，复合编辑
Solid View/RPMaster	Solid Concept USA	Windows	SolidView/RP 的功能，修改孔，偏移面
STL/View	Compunix	Windows	图形显示
STL/View7.0	IgorG. Tebelev	Windows	观察，分析，移动，复制，合并，缩放，镜像，固定实体边界，实体间的布尔运算
MAGICS	Materialise N. V. Belgiun	Windows	观察，测量，变换，为成型做准备，生成支撑结构

下面以 MAGICS 为例来说明这类软件的功能。

1）观察。为了更好地了解 STL 格式文件所表达的模型，MAGICS 提供了观察功能。借助这个功能，可以对显示的模型立体阴影图，进行如同摄像机控制方式的随意旋转、观察，还可用剖视得到截面，从而观察模型的内部。

2）测量。在 STL 格式文件所表达的模型上，进行点与点、线与线、弧与弧之间的三维测量，并且打印出测量结果。

3）变换。不必返回 CAD 系统，就可对 STL 格式文件所表达的模型进行变换，如布尔（逻辑）运算、分割、减少或增加三角形的数量、复制、镜像和缩放。

4）修改。对 STL 格式文件中的错误进行修改，例如缝合、填充裂缝、调整法线方向等。

5）为成型做准备。为了按照要求的方向在快速成型机上制作工件，MAGICS 能对 STL 格式文件所表达的模型，进行移动、旋转、套做和切片，并且估计制作时间和报价。

6）生成支撑结构。提供多种不同的支撑结构及其组合。

4.3　3D 模型的分层切片处理

4.3.1　成型方向选择

将工件的三维 STL 格式文件输入快速成型机后，可以用快速成型机中的 STL 格式文件显示软件，使模型旋转，从而选择不同的成型方向。不同的成型方向会对工件品质（尺寸精度、表面粗糙度、强度等）、材料成本和制作时间产生很大的影响。

1. 成型方向对工件品质的影响

一般而言，无论哪种打印方法，由于不易控制工件 Z 方向的翘曲变形等原因，使工件的 X-Y 方向的尺寸精度比 Z 方向更易保证，应该将精度要求较高的轮廓（例如有较高配合精度要求的圆柱、圆孔），尽可能放置在 X-Y 平面。

对 SLA 成型，影响精度的主要因素是台阶效应、Z 向尺寸超差和支撑结构的影响。对于 SLS 成型，无基底支撑结构，使具有大截面的部分易于卷曲，从而会导致歪扭和其他问题。因此，影响其精度的主要因素是台阶效应和基底的卷曲，应避免成型大截面的基底。对于 FDM 成型，为提高成型精度，应尽量减少斜坡表面的影响，以及外支撑和外伸表面之间的接触。对于 LOM 成型，影响精度的主要因素是台阶效应和剥离废料导致工作变形的问题。

对于工件的强度，由于无论哪种增材制造方法，都是基于层层材料叠加的原理，每层内的材料结合比层与层之间的材料结合得要好。因此，工件的横向强度往往高于其纵向强度。

2. 成型方向对材料成本的影响

不同的成型方向导致不同的材料消耗量。对于需要外支撑结构的 3D 打印，如 SLA 和 FDM，材料的消耗量应包括制作支撑结构材料。总材料消耗量还取决于原材料的回收和再使用，对于 SLS 成型，由于工件的体积是恒定的，成型时未烧结的原材料可再使用。因此，无论什么成型方向所需的材料几乎都相同。对于 LOM 成型，其废料部分不能再用于成型。

3. 成型方向对制作时间的影响

工件的成型时间由前处理时间、分层叠加成型时间和后处理时间三部分构成。其中，前处理是成型数据的准备过程，通常只占总制作时间的很小部分，因此，可以不考虑因成型方向的改变所导致前处理时间的变化。后处理的时间取决于工件的复杂程度和所采用的成型方向。对于无须支撑结构的成型，后处理时间可以看作与成型方向无关。当需要支撑结构时，后处理时间与支撑的多少有关，因此与成型方向有关。成型时间等于层成型的时间及层与层之间处理时间之和，它随成型方向而变化。

4.3.2 主要切片方式

1. STL 切片

1987年，3D System 公司的 Albert 顾问小组鉴于当时计算机技术软硬件相对落后，便参考 FEM（Finite Elements Method）单元划分和 CAD 模型着色的三角化方法对任意曲面 CAD 模型的表面做小三角形平面近似，开发了 STL 文件格式，并由此建立了从近似模型中进行切片获取截面轮廓信息的统一方法，并沿用至今。多年以来，STL 文件格式受到越来越多的 CAD 系统和 RP 设备的支持，成为 3D 打印行业事实上的标准，极大地推动了 3D 打印技术的发展。

STL 切片实际上是三维模型的一种单元表示法，它以小三角形平面为基本描述单元来近似表示模型表面。切片是几何体与一系列平行平面求交的过程，切片的结果将产生一系列实体截面轮廓，切片算法取决于输入几何体的表示格式。STL 格式采用小三角形平面近似实体表面，这种表示法最大的优点就是切片算法简单易行，只需要依次与每个三角形求交即可。在获得交点后，可以根据一定的规则，选取有效顶点组成边界轮廓环。获得边界轮廓后，按照外环逆时针、内环顺时针的方向描述，为后续扫描路径生成的算法处理做准备。

STL 文件存在如下问题：数据冗余，文件庞大；缺乏拓扑信息，容易出现悬面、悬边、点扩散、面重叠、孔洞等错误，诊断与修复困难；使用小三角形平面来近似三维曲面，存在曲面误差；大型 STL 文件的后续切片将占用大量的机时；当 CAD 模型不能转化成 STL 模型或者转化后存在复杂错误时，重新造型将使快速原型的加工时间与制造成本增加。

2. 容错切片

容错切片（Tolerate-errors Slicing）基本上避开了 STL 文件三维层次上的纠错问题，直接在二维层次上进行修复。由于二维轮廓信息十分简单，并具有闭合性、不相交等简单的约束条件，特别是对于一般机械零件实体模型而言，其切片轮廓多由简单的直线、圆弧、低次曲线组合而成，因而能容易地在轮廓信息层次上发现错误，依照以上多种条件与信息，进行多余轮廓去除、轮廓断点插补等操作，可以切出正确的轮廓。

对于不封闭轮廓，采用评价函数和裂纹跟踪处理，在一般三维实体模型随机丢失10%三角形的情况下，都可以切出有效的边界轮廓。

3. 适应性切片

适应性切片（Adaptive Slicing）根据零件的几何特征来决定切片的层厚，在轮廓变化频繁的地方采用小厚度切片，在轮廓变化平缓的地方采用大厚度切片，它与统一层厚切片方法比较，可以减小 Z 轴误差、阶梯效应与数据文件的长度。有学者在 STL 文件基础上进行了适应性切片研究，以用户指定误差（或尖锋高度）与法向矢量决定切片层厚，可以处理具有平面区域、尖锋、台阶等几何特征的零件。

4. 直接适应性切片

直接适应性切片（Direct & Adaptive Slicing）利用适应性切片思想从 CAD 模型中直接切片，可以同时减小 Z 轴和 X-Y 平面方向的误差。有学者从 CAD 模型上直接切片，并且根据采样的最小垂直曲率和指定的尖锋值来确定切片厚度；也有学者通过比较连续轮廓的边缘来确定切片层厚，当误差大于给定值时切片层厚减少。但这种切片方法目前还不成熟，其发展以直接切片和适应性切片为基础。

5. 直接切片

在加工高次曲面时，直接切片明显优于 STL 方法。相比较而言，采用原始 CAD 模型进行直接切片具有如下优点：①能减少增材制造的前处理时间；②可避免 STL 格式文件的检查和纠错过程；③可降低模型文件的规模；④能直接采用 RP 数控系统的曲线插补功能，从而可提高工件的表面质量；⑤能提高工件的精度。

4.3.3 切片工作流程

利用商用造型软件对切片工作流程进行展示，以直接切片为例，可以从任意复杂三维 CAD 模型中直接获取分层数据，将其存储于 PIC 文件中，作为 RP 系统的连接中介，驱动 RP 系统工作，完成工件加工过程，工作流程如图 4-2 所示。

图 4-2　直接切片工作流程

整个直接切片软件由 AutoSection 软件和 PDSlice 软件两部分组成，以 PIC 文件作为中间接口。AutoSection 软件完成从任意模型中提取二维截面轮廓信息的工作，生成直接切片 PIC 文件；PDSlice 软件则是相应的 RP 数据处理软件，可对 PIC 文件进行诠释，控制 RP 系统完成模型的加工过程，它可用于 SLA、LOM、SLS、FDM 等分层制造工艺中。

4.3.4 常见切片处理软件介绍

常见的通用切片软件有 Ultimaker cura、Simplify3D、Repetier Host,三款软件各有其优势特点。

1. Ultimaker cura

Cura 是目前市场上使用最广泛的开源切片软件,是一款中文 3D 打印切片软件。它具有快速的切片功能,具有跨平台、开源、使用简单等优点,能够自动进行模型准备、模型切片。

2. S3D

S3D 全称是 Simplify3D(3D 打印切片软件),是一款强大的 3D 打印切片软件,其通过强大的、全合一的软件应用程序简化了 3D 打印的过程,同时提供了强大的定制工具,使用户能够在 3D 打印机上获得更高质量的结果。该软件支持数百个 3D 打印机品牌,并可通过广泛的行业合作伙伴名单在全球范围内使用。

3. Repetier Host

Repetier Host 是一款使用便捷、易于设置、有手动调试、模型切片等一系列功能的软件。

4.4 层片路径规划

4.4.1 路径规划的早期探索

3D 打印混凝土实现几何成型的主要工作原理是使打印头在特定的路径(Tool path)上移动,同时,泵送系统将搅拌后的打印材料经管道输送到打印头并挤出。除了常见的水平逐层打印,研究人员还在继续探索打印路径规划的更多方法,以达到更多样化、更稳定的几何结构构想。例如南加州大学教授比洛克·霍什内维斯(Behrokh Khoshnevis),在提出轮廓加工工艺的同时,又从传统无支撑结构砖砌拱顶的施工方式开始,设想不借助外部支撑,采用 3D 打印方法进行圆顶和拱顶建造的可能,其设想的实质是通过将打印路径由水平向转变为斜向,使之能适应打印材料自然堆积的受力需要。

因此,若能探索出更加完善的 3D 打印路径规划方法,使得更多的混凝土结构可以流畅化、智能化、更细腻地实现,将有助于更大限度地发挥机械臂的优势,也可以有效地降低复杂几何形式在施工过程中工期、人力、材料和能源的损耗。

4.4.2 常见的路径规划类型

经过分层过程，确定3D打印各层的打印厚度和打印高度，这也决定了挤出头在竖直方向（Z向）上的运动轨迹。完成三维实体的打印，还需要在各层平面内规划打印区域路径，确定挤出头在水平方向上的运动轨迹。总的来说，打印路径规划旨在使3D打印时各层混凝土打印材料能够顺畅地叠合，一方面要求每层打印路径的层高尽可能保持不变或均衡变化，另一方面还要保证上层打印路径相较于下层的悬挑在合适的范围内，不至于过大，以免因混凝土自重造成倒塌。

如今越来越多的适合机械臂打印路径规划的方法逐渐得到尝试和使用，依据各层打印路径变化原理，可分为水平逐层打印、变平面打印和曲面打印三类。

1) 水平逐层打印技术是3D打印混凝土技术中最为常用的方法。打印过程中，打印头和打印平面始终保持平行关系。在保证泵送系统稳定和机械臂运行速度不变的前提下，混凝土打印材料能够在更高的挤出速度下保持设定的宽度，该打印方式具有效率高、需要的人为干涉小等特点和优势，适用于体量较大、变化较少的建筑墙体。这种方法还可以应用于变化幅度相对较弱的曲面或斜面，等高线式的切割方式使得几何形态最终呈现出类似梯田的效果。

2) 变平面打印是六轴机械臂所特有的建造方法，每一层打印路径所在的平面是循序变化、不相互平行的。因此，打印的构件不需满足水平切片所要求的悬挑限制，可以通过不同平面的变化与切换实现更自由的构件形态，并且通过不同打印构件之间的组装实现更加复杂的结构。2021年，苏黎世联邦理工学院与扎哈·哈迪德建筑事务所等团队合作的Striatus缆索结构桥项目采用了此种方法，这使得每个混凝土构件能够被精准地打印与装配，也实现了桥体的纯受压状态。

3) 曲面打印中机械臂沿一个曲面模板（如球体）的表面运动，使挤出的材料附着在模板上，从而产生变化更加丰富的形态效果。不同于平面打印中机械臂的单一平面运动，曲面打印对机械臂的运动方式提出了更高要求，需要机械臂和加装设备在运动的同时不断改变朝向，从而保证打印材料挤出的方向能够与其所参照的曲面垂直。目前，曲面打印项目多停留在实验室阶段，例如2018年清华大学徐卫国教授带领学生试验了线粒体内膜造型的曲面打印；2021年法国公司XTreeE实现了半球体模板上珊瑚造型的打印。常见的机械臂打印路径规划类型与对应的项目见表4-3。

表 4-3　常见的机械臂打印路径规划类型与对应的项目

打印方式	水平逐层打印	变平面打印	曲面打印
打印效果			
项目（年份）	迪拜市政局行政大楼（2019）	Prvok 水上小屋（2020）	Striatus 缆索结构桥（2021）	Biomimetic Reef 项目（2021）
公司团队	Apis Cor	Prvok	ETH, Zaha Hadid, Incremental3D	XTreeE

4.4.3　路径规划问题概述

3D 打印就是将物体的轮廓逐层打印出来，轮廓路径规划与经典的 TSP 问题相似，从一个固定的点开始，另一固定点为终止点，对每一条轮廓路径进行扫描，以获取最优的轮廓路径。

某零件切片如图 4-3 所示，整个截面中有 6 个轮廓，需要对每个轮廓进行扫描，各轮廓均有起始点，从起始点开始，绕其轮廓一圈后回到终止点，即终止点为起始点。每个轮廓都按一定的次序进行扫描，由一个封闭环至另一个封闭环所需的路程为空行程，轮廓路径规划的目的就是减小空行程。轮廓路径规划需要对两个方面进行规划：一是每个轮廓的打印顺序，二是确定起始点的位置。确定轮廓路径，首先需明确封闭环起始点，以最大轮廓环左上角作为 3D 打印的起始点。对不规则曲线图形，选其几何重心为起始点，对于规则直线图形，把它的起始点安排在各顶点上，做出标记并选择合适的起始点，以进行路径规划。

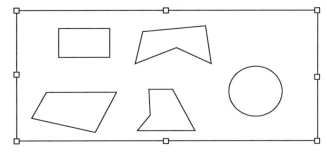

图 4-3　零件切片图

4.4.4　路径规划基础算法

目前常有的基础算法有蚁群算法、遗传算法及其二者的组合。

蚁群算法（ACA）是 20 世纪 90 年代初由意大利学者 M. Dorigo 提出的，主要用来解决组合序列优化问题的一种算法，算法原理为模仿蚁群觅食这一行为。蚂蚁在觅食的过程中，会将其所经过的路径留下一种信息素，后续觅食的蚂蚁将依据路径上的信息素量，选择要行走的路径，并可根据周围环境变化，动态地对路径进行调整，从而达到最终路径。蚁群算法是一种求解组合最优路径问题的启发式方法，该算法使用简便，具有分布式计算、正反馈机制和良好的并行性、鲁棒性及可扩展性，并且蚂蚁觅食行为与路径规划有着天然的关联性，能够广泛应用于路径规划和组合优化等领域。

遗传算法（GA）是根据进化论遗传学机理而产生的搜索优化方法，该算法是建立在达尔文的自然选择学说基础上的，是一种模拟达尔文的遗传选择的计算模型。对于种群中的所有个体，采用随机化技术来指导一个被编码的参数空间进行高速搜索。遗传算法并行性好，通用性强，对所求解的优化问题没有太多限制。算法具有良好的全局优化和稳定性，操作简单，易于运算，不足之处是在启发信息的利用上存在缺陷，致使最优路径的求解速度较慢，并且当求解到一定范围时也容易陷入局部最优解。

蚁群算法和遗传算法均能实现3D打印轮廓路径规划，但蚁群算法在搜索初期具有较大的盲目性，且耗时较长。遗传算法的缺点是启发信息没有得到充分利用，易陷入局部最优解。故需要将两种算法融合起来，以解决两种算法的不足，更快速且准确地得到最短的轮廓路径规划。

4.4.5 填充路径生成算法

填充路径即是扫描线与多边形轮廓线相交所构成的内部交线。使用扫描填充算法时，必须先考虑打印宽度，即将切片所得多边形轮廓进行偏置即可实现补偿。其次，构建扫描区域，生成扫描线并最终使扫描线与轮廓线相交，即可得到各层的二维填充图案，进而各层填充图案逐层累积就可形成最终的模型填充模样。

1. Zig Zag 扫描填充算法

Z字扫描（Zig Zag）填充路径如图4-4所示，该扫描方式是单项扫描的改进，也是目前3D打印中最基本的填充方式。

该算法具有两个优点：

1）所有的扫描线（扫描路径）均平行，扫描时自下而上逐行填充，很容易实现，是多类切片引擎的首要选择。

2）每填充一行，不需像单项扫描必须空行程回到下一行的起始点，而是直接实施逆向填充，空腔不进行填充，只需空程移动喷头，较为可靠。

图4-4 Z字扫描填充路径

但该算法也存在如下缺陷：

1）在实际的模型打印过程中，若要求加工精度较高，而喷嘴往往在来回扫描过程中会不经意碰触到打印轮廓，使实体质量精度降低。

2）每条填充路径的收缩应力处于相同方向，使得翘曲变形的可能性大大增加。

3）对于有型腔的零件结构，扫描过程需反复跨越内轮廓，空行程太多，成型效率降低。

2. Offsetting 扫描填充算法

为改善往复扫描填充算法的不足，有人提出了一种偏置（Offsetting）扫描算法，此算法是将轮廓向实体方向进行等距线式的偏移扫描，如图 4-5 所示。

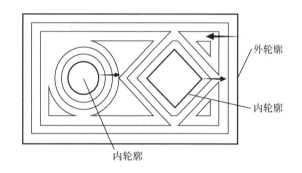

图 4-5　Offsetting 扫描填充路径

该种算法处理时，需对切片所得的多边形轮廓进行内外轮廓区域的区分，按外轮廓向内偏置或内轮廓向外偏置，再检查各个轮廓偏置是否自相交或与别的偏置轮廓有交点，进行自相交和布尔运算处理之后，就可得到填充路径，其扫描路径为由图案轮廓构成的多个相同距离的偏置路径的集合。

此类算法有三个优点：

1）运行时的空行程较短，启停次数较少，断丝次数少，填充紧实。

2）不因喷头过多的跨越而对工件表面产生刮擦行为。

3）因其内部按 Offsetting 方式填充，故扫描方向不断发生变化，产生的内应力始终发散，符合热传递规律，降低了成型工件的残余应力，减少了工件翘曲变形的可能性，提高了工件的光洁平整度。

但该算法也有不足之处，如使用该种算法时的扫描矢量涉及多种多边形操作，若需处理复杂模型，则会出现因轮廓环内外偏置而产生自相交或环相交的现象，加大算法处理难度，降低处理效率，因此该算法常被应用在一些对成型零件要求较高的领域。

3. 分区扫描填充算法

若路径规划时，扫描路径空行程太多，会导致打印机喷头重复启停，频繁断丝出丝，影响成型质量。针对此情况，有人提出了一种以往复扫描填充为基础的分区扫描填充算法，如图4-6所示。

此算法将扫描区域分割成若干连通区域，在每个区域中，以往复直线扫描方式进行扫描填充，并进行逐次加工。在表示同一区域的填充量时，该算法有两个明显特征：①若该区域的截面轮廓与扫描线交点数目不发生变化，说明没有凹洞，就直接提取出该区域的扫描填充矢量；②若两者交点数目发生变化，才对该矢量归属哪部分区域进行判

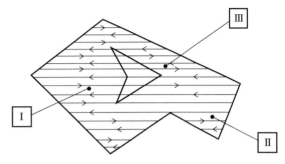

图4-6 分区扫描填充路径

断，因此，直接减少了填充扫描矢量的判断次数，提高运行效率，并且在实际的扫描加工过程中，可对某个区域扫描加工完成之后，再去扫描另一个区域，因而节省了两两型腔区域之间的跨越时间，减少了"拉丝"现象，提高了生产效率。但也存在缺点：①若相邻区域扫描时，前一个区域的扫描终点与后一个区域的扫描起始点距离很近，从加工工艺角度出发，理应将两点连接，但事实上是断点，会降低工件表面的质量；②因对子区域采用往复直线的扫描填充方式，若相邻两层界面的扫描方向平行，则收缩应力也同向，这加大了工件翘曲变形的可能性。

4. 分形扫描填充算法

从提高 RPM 制造工件的性能角度出发，沿分形曲线轨迹扫描填充二维轮廓的方式，也逐渐被人们使用。以典型的空间填充曲线（SFC）—Hilbert 曲线为例，该曲线通过自我复制方式产生，从起点到终点利用二分技术，递归地计算转折位置，生成二维甚至更高维度的曲线，且最终得到的填充路径是由多个连接的折线段组成，如图4-7所示，即是 $n=4$ 时的 Hilbert 曲线。

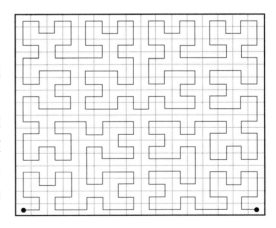

图4-7 Hilbert 填充路径

使用 Hilbert 曲线作为扫描填充轨迹的优点是：

1）可最大程度地改进翘曲变形现象，满足扫描过程中的质量需求。

2）应用于带有凹槽的复杂曲面加工中，能生成连续的轨迹，可提高整体加工效率。它也存在明显不足：

1）喷头运动路径的几何形状及曲率，会影响加工制造的时间和质量，Hilbert 型填充路径自身有多重急剧转折，增加了挤出头加速、减速的缓冲时间。

2）急转角也会导致丝束的过度填充或填充不足。

4.4.6 常见规划软件

CAM 路径规划算法实现依赖计算机编程。

考虑到路径规划是一项计算密集型任务，需要消耗大量计算资源，因此执行效率较高的 C/C++ 语言是 CAM 路径规划的最佳实现语言。但 C/C++ 语法复杂，语言本身学习和使用难度较大，需要耗费大量时间精力。Python 语言具有语法简单、容易上手、免费开源等特点，已被广泛应用于 3D 打印路径规划算法设计中。

4.5 加工与后处理

4.5.1 设备准备

正式打印施工前，应根据 3D 打印混凝土拌合物性能和打印设备性能进行可行性试验确定打印工艺参数；打印前应检测混凝土拌合物的性能，满足要求且不得发生泌水泌浆和离析现象。

3D 打印混凝土的凝结时间较短，在打印施工过程中，如果出现断电情况，对搅拌设备、输送设备和打印设备难以清理，可能造成设备的永久损坏，因此，应制订供电的保障方案。打印过程中如果在非施工节点停止，后期的修补较难，应尽可能地避免突然停止打印，有必要制订供水应急方案。

4.5.2 打印加工

切片完成之后，系统将根据切片时设定的每层厚度确定各层的高度 Z，按照切片获得的二维平面图形进行加工。每成型完一层，成型平面相对下降一层，然后继续执行下一层成型，以此类推。在此过程中，只要选择合适的技术参数（如温度、速度、填充密度等），就能确保层与层之间粘结良好，即可保证逐层叠加成型。在加工过程中只要系统没有检测到错误，零件一般可以顺利地加工完成。

3D 打印建造施工过程中应有专人进行实时监测，观察打印效果和打印设备运行状况，发现问题应立即调整或停止打印，问题解决后方可继续打印施工。在打印过程中，上、下两层间隔时间不宜超过混凝土拌合物的初凝时间。如果原位 3D 打印建筑打印施工时，遇高温、大风、雨、雪等恶劣天气，不宜进行打印。

4.5.3 成型后处理

混凝土浇筑后，如不及时进行养护，混凝土中水分会蒸发过快，形成脱水现象，使已形成凝胶体的水泥颗粒不能充分水化，缺乏足够的粘结力，从而会在混凝土表面出现片状或粉状脱落。此外，在混凝土尚未具备足够的强度时，水分过早的蒸发还会产生较大的收缩变形，出现干缩裂纹。所以混凝土浇筑后初期阶段的养护非常重要，打印完成后的养护宜在3D打印混凝土达到初凝后进行，保持混凝土表面潮湿。养护时间受工程结构形式、水泥品种、环境和气候条件、混凝土配合比等因素的影响。

3D打印混凝土终凝前宜采用喷雾养护方式，终凝后宜采用喷淋洒水或覆盖保湿等养护方式，养护时间不宜少于7d。混凝土养护用水应与拌制用水相同；采用塑料布覆盖养护的混凝土，其敞露的全部表面应覆盖严密，并应保持塑料布内有凝结水。在风速较大的环境下养护时，应采取防风措施。

思考题

1. 请简述3D打印建造与工业制造领域3D打印的区别与联系。
2. 建筑工程领域，3D建模可采用的建模方法及软硬件工具有哪些？
3. 3D打印层片路径规划中智能算法应用存在哪些不足？哪些智能算法能被应用到该流程中？

第 5 章　3D 打印建造技术的应用案例

> **本章重点**
>
> 1. 了解目前国内 3D 打印建造的经典案例项目
> 2. 熟悉各个案例项目中 3D 打印建造技术的应用特点
> 3. 了解 3D 打印建造项目的实际施工过程

> **本章难点**
>
> 1. 总结各个 3D 打印建造案例的技术特点及应用内容
> 2. 分析原位 3D 打印与装配式 3D 打印技术的工程应用区别与联系

利用 3D 打印技术建造工程建筑的主要优势为自动化程度高、人力成本低、现场工作量少、建造效率高、可建造复杂构件、材料利用率高等。但是，由于与之相匹配的材料种类有限，并且在挤出同时难以添加增强钢筋等，导致整体结构与传统钢筋混凝土结构相比强度较低。3D 打印建造技术主要应用于建筑构件及小型建筑方面。目前我国已将 3D 打印技术用于实际生产，如 2014 年 5 月在上海某园区不足 24h 建好 10 栋房屋；2015 年 1 月打印出 1 座 6 层 15 m 高的建筑，其中包括地下 1 层。

本章选取我国目前应用 3D 打印建造技术的典型工程案例展开分析，主要为混凝土 3D 打印工程，涵盖农宅、书屋、步行桥、公园主题构筑物、工厂构件打印制作等建筑物或构筑物、构件形式。工程项目包括武家庄混凝土农宅 3D 打印项目、智慧湾 3D 打印混凝土步行桥项目、智慧湾 3D 打印混凝土书屋项目、深圳国际会展中心 3D 打印混凝土公园项目等。

5.1　武家庄混凝土农宅 3D 打印项目

5.1.1　项目简介

本项目位于河北省张家口市下花园区武家庄乡，为地上一层住宅，长×宽×高为

14m×7.85m×2.4m（拱屋面最高处为 4.3m），建筑面积为 106m²。其形态采用了当地传统的窑洞形式，是一个 3 大 2 小 5 开间住宅，3 大间分别为起居室及卧室、其上屋顶为筒拱结构，2 小间分别为厨房及厕所，如图 5-1 所示。

图 5-1 农宅西南视角照片

工程材料采用聚丙烯纤维混凝土，机械臂打印头的"笔宽"为 40mm，拱屋面、平屋面和墙体均采用弦杆、腹杆为 40mm 厚的桁架式墙板。农宅的墙体是主要的竖向构件，不但承担屋面传来的竖向荷载，还是承担水平力的主要构件。在墙体构件分析中，通过对 6 个不同厚度或腹杆角度的墙体在风载、温度作用、水平地震作用下受力进行分析和研究后，选择墙厚 300mm、腹杆角度为 45°。外墙立面如图 5-2 所示。

图 5-2 农宅外墙立面

5.1.2 技术应用情况

河北下花园武家庄农户住宅通过 3D 打印建成，在该项目中，对农宅的结构进行构件分析、整体数值分析、构件破坏性试验。

农宅的设计采用全数字化工作流的方式进行，建筑方案应用参数化数字设计的方法生成，并在设计初期就考虑了建筑结构的合理性以及打印施工的可行性；建筑的形体设计及结构计算、水暖电设计及打印路径规划、室内全装配化装修设计等均在同一个三维数字模型上完成，确保了设计全过程信息传递的连贯性和一致性，以及各个专业之间信息交换的有效协同性。

建筑结构安全是 3D 打印这一新的建造方法的重要内容，结构工程师在这一项目中，采用了 Midas 软件对三维形体模型直接进行整体计算和分析,首先根据节材的要求将拱形屋顶及墙体设计成带 truss 的空心墙,结合 3D 打印设备前端材料出口的尺寸,分别对拱和墙等构件的 truss 排布进行深入分析与比较,确定构件的最终尺寸;接着将确定的构件实际尺寸反馈到整体模型,进行构件内力分析;最后进行施工吊装分析,确定合理的施工吊装方案;结构的设计过程与建筑形体建模紧密配合,参数化数字模型为实现建筑与结构专业之间的数字信息交流提供了流畅的途径,如图 5-3、图 5-4 所示。

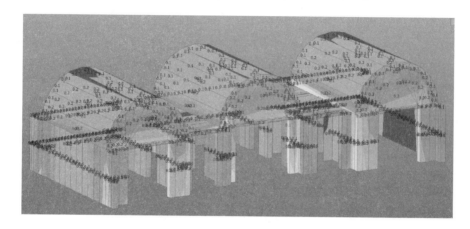

图 5-3　住宅数字化模型及结构计算

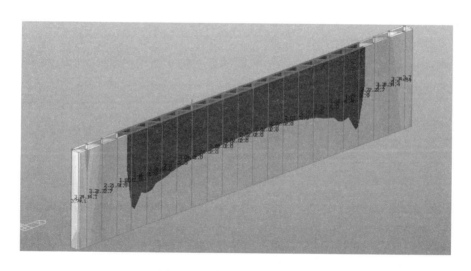

图 5-4　墙体模型及结构计算

此外,为确保结构的可靠性,分别对重要构件如墙、拱顶、平屋顶分别进行了足尺构件破坏试验,并对该农宅整体结构进行了缩尺的振动台试验,试验直接验证了结构在抗震设防烈度 8 度（0.2g）情况下多遇地震、设防地震和罕遇地震下建筑结构的工作情况,完全满足了规范"小震不坏、中震可修、大震不倒"的设防目标,如图 5-5 ~ 图 5-7 所示。

图 5-5　3D 打印混凝土单层建筑的抗震台破坏试验

图 5-6　3D 打印混凝土墙体的结构破坏试验

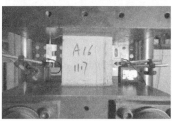

图 5-7　打印材料的抗压及抗折试验

5.1.3 打印建造过程

该农宅的打印施工使用了 3 套"机器臂 3D 打印混凝土移动平台",分别放置在 3 大开间中央,直接进行了基础及墙体的原位打印,同时在建筑室外的机器臂轨道两侧,现场预制打印了所有筒拱屋顶,并用起重机将筒拱屋顶装配到打印的墙体上面。建筑的外墙采用了编织纹理作为装饰,它与结构墙体一体化打印而成,墙体中央灌注保温材料,形成装饰、结构、保温一体化的外墙体系,如图 5-8、图 5-9 所示。

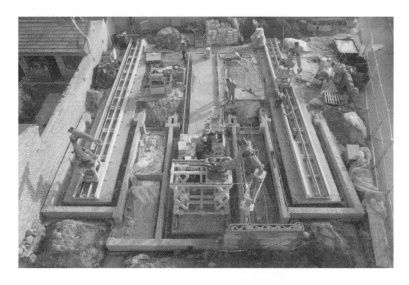

图 5-8　3D 打印施工现场整体俯瞰

图 5-9　3D 打印施工现场局部俯瞰

本项目使用的"机器臂 3D 打印混凝土移动平台"主要由可移动机械臂及 3D 打印设备、轨道及可移动升降平台、拖挂平台等组成。其中，机械臂及打印前端被安置在升降平台上，可在平台上移动，而打印材料、上料搅拌泵送一体机则安置在拖挂平台上，如图 5-10、图 5-11 所示。该打印平台只需 2 人在移动平台上操作按钮，即可完成整栋房屋的打印建造，充分集成并简化了 3D 打印建造的工艺，最大可能地减少了打印建造过程中的人力投入。

图 5-10 拱的打印过程

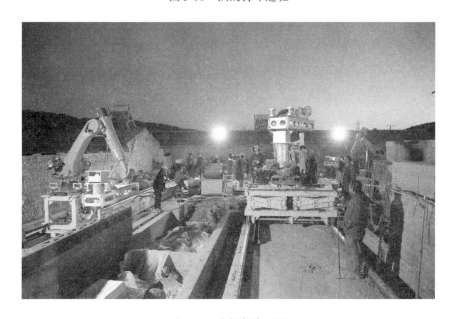

图 5-11 夜间打印过程

5.1.4 技术应用评价

河北下花园武家庄农户住宅 3D 打印项目是我国 3D 打印技术在工程实践中的一次成功实验，也是 3D 打印技术在农房改造中的一次实践，持续改善农村人居环境，提升农房现代化水平，提高农房品质，需要明确具体的建造方法和途径，机器人 3D 打印混凝土建造技术的推广使用，或将成为该行动项目的一项具体的措施和有效方法。

5.2 智慧湾 3D 打印混凝土步行桥项目

5.2.1 项目简介

智慧湾 3D 打印混凝土步行桥项目位于上海市宝山区，建成于 2019 年 1 月 12 日。该项目由清华大学（建筑学院）—中南置地数字建筑研究中心徐卫国教授团队设计研发，并与上海智慧湾投资管理公司共同建造，项目实景如图 5-12 和图 5-13 所示。

图 5-12　步行桥实景图

该步行桥全长 26.3m，宽度 3.60m，结构设计借鉴了中国古代赵州桥的结构方式，采用单拱结构承受荷载，拱跨长 14.40m，是建成时世界上最大规模的 3D 打印混凝土步行桥，如图 5-14 所示。

5.2.2 技术应用情况

该项目的设计采用了三维实体建模，桥栏板采用了形似飘带的造型与桥拱一起构筑出轻盈优雅的体态横卧于上海智慧湾池塘之上，如图 5-15 所示；该桥的桥面板采用了珊瑚纹的

图 5-13　步行桥桥面实景图

形态，之间的空隙填充细石子，形成园林化的路面。

图 5-14 桥面满荷载（人）照片

图 5-15 桥面及桥拱的造型

该步行桥的桥体由桥拱结构、桥栏板、桥面板三部分组成，桥体结构由 44 块 0.9m×0.9m×1.6m 的混凝土 3D 打印单元组成，桥栏板分为 68 块进行打印，桥面板共 64 块也通过打印制成。这些构件的打印材料均为聚乙烯纤维混凝土添加多种外加剂组成的复合材料。该材料专为配套的 3D 打印系统研发，经过多次配合比试验及打印试验，流变性和凝结时间等指标均满足打印需求；该新型混凝土材料的抗压强度达到 65MPa，抗折强度达到 15MPa。在该项目进入实际建造之前，进行了 1:4 缩尺的实材桥梁破坏试验，如图 5-16 所示，证明其结构可满足人行桥的荷载要求。同时在桥上预埋有实时监测系统，包括振弦式应力监控和高精度应变监控系统，可以即时收集桥梁受力及变形状态数据，对于跟踪研究新型混凝土材料性能以及打印构件的结构力学性能具有实际作用。

图 5-16　缩尺步行桥结构试验

5.2.3　打印建造过程

该步行桥的打印运用了徐卫国教授团队自主开发的混凝土 3D 打印系统技术，该系统由数字建筑设计、打印路径生成、操作控制系统、打印机前端、混凝土材料等创新技术集成，具有工作稳定性好、打印效率高、成型精度高、可连续工作等特点。该系统在三个方面具有独特的创新性和优越性：第一为机器臂前端打印头，它具有不堵头且打印出的材料在层叠过程中不塌落的特点；第二为打印路径生成及操作系统，它将形体设计、打印路径生成、材料泵送、前端运动、机器臂移动等各系统连接为一体协同工作；第三为独有的打印材料配方，它具有合理的材性及稳定的流变性。

整个桥梁工程的打印用了两台机器臂 3D 打印系统，共用 450h 打印完成全部混凝土构件；与同等规模的桥梁相比，它的造价只有普通桥梁造价的三分之二；该桥梁主体的打印及施工未用模板，未用钢筋，大大节省了工程花费。

图 5-17～图 5-20 分别为桥栏板、桥墩、桥面和夜间打印过程。

图 5-17　桥栏板打印过程

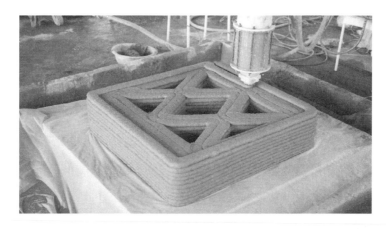

图 5-18　桥墩打印过程

图 5-19　桥面打印过程

图 5-20　夜间打印过程

5.2.4　技术应用评价

随着我国人口红利的消失，建设工程对于劳动力的需求将越来越供不应求，智能建造将是解决这一问题的重要渠道，它将推动我国建筑工业的转型升级，3D打印作为智能建造的一种重要方式，将对工程建设的智能化发展发挥重要作用。

虽然在3D混凝土打印建造方面存在着许多需要解决的瓶颈问题，该领域技术研发及实际应用的竞争也日益激烈，国际国内具有相当多的科研机构及建造公司一直致力于这方面的技术攻关，但真正将这一技术用于实际工程还有一段很长的路要走。该步行桥的建成，标志着这一技术从研发到实际工程应用迈出了可喜的一步，同时它标志着我国3D混凝土打印建造技术进入了世界先进水平。

5.3 智慧湾3D打印混凝土书屋项目

5.3.1 项目简介

2021年,机器人3D打印书屋在上海正式启用。该书屋完全由机器人3D打印设备在原位打印建造;它是上海"艺术之桥"空间的一部分,可用于图书展示、学术讨论、新书分享等活动。书屋总面积约30m²,可容纳15人进行各种活动,如图5-21、图5-22所示。

图5-21 书屋俯瞰实景

图5-22 书屋全景图

该项目的建造验证了数字设计-智能建造的方式,探讨了3D打印混凝土技术将如何改变建筑师的设计思维。

5.3.2 技术应用情况

该项目首次尝试了将数字建筑设计与 3D 打印混凝土技术相结合的设计-建造工作流。

该书屋的设计起于概念草图，之后结合使用需求，用 MAYA 软件进行建模；在该模型基础上，进行了空间形体及结构合理性推敲，同时将深化模型同步给建筑水暖电、结构设计团队，进行保温、排水、结构等专项设计，并将各项专项设计整合为实施模型；其后进行打印设计，确定分块后通过打印路径规划编写完成打印程序，再以此数字文件驱动机器人 3D 打印设备进行混凝土材料的逐层堆叠打印，从而建成这一曲面形体的图书小屋，如图 5-23、图 5-24 所示。这种创新的工作流改变了建筑师的思维方式和工作流程，为建筑师提供了更多的自由度和创造性，避免了从设计到建造过程中的信息丢失和工作冗余，提高了建造的精度和效率。

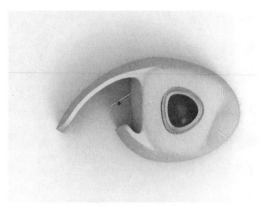

图 5-23　书屋数字建筑设计

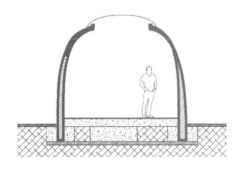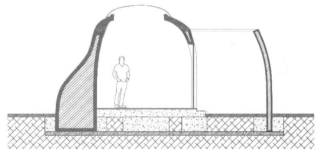

图 5-24　书屋剖面图

5.3.3 打印建造过程

该项目首次使用了现场原位打印及现场预制装配式结合的建造方式，大大提高了建筑的结构整体性。书屋的打印用了 2 台机器臂打印系统，一台原位打印建筑基础及主体结构，另一台现场预制打印弧墙及穹隆顶，每台打印设备需要 2 人操作，施工过程中总共需要 4~5 位施工人员参加，如图 5-25 和图 5-26 所示。

图 5-25　设备安装与现场打印

图 5-26　墙体打印过程

用于该书屋打印的材料为团队自主研发的纤维混凝土,其间不加钢筋、建造中不用模板;书屋的墙体构造采用空心墙体设计,其间填充保温砂浆形成保温隔热墙体;该书屋的建筑表面有两种肌理,一种为叠层打印所形成的层叠表面,另一种为精心设计的编织图案肌理,后者位于入口侧墙,给人一种细腻的感觉,如图 5-27 所示。

相比于传统的建筑方式，书屋的建造过程极大减少了建造环节，从设计模型到完成的建筑环节更少，成果更精准地还原了设计意图，提高了建筑师对设计的把控。

图 5-27　墙体打印细部

5.3.4　技术应用评价

该书屋的设计建造表明，3D 打印作为智能建造的一种方式，不仅节省材料、人力，同时可使建造效率更高、施工速度更快，并且可以实现不规则形状的建筑，建造高质量、高品质的建筑。更重要的是，它探索了在 3D 打印混凝土这种新技术的语境下，建筑师的设计流程和设计思维是如何被建造方式改变的。

一方面 3D 打印可以为建筑师提供各种曲面复杂形态建造的可能；同时在新的建造方式下，建筑师除了需要考虑建筑的外观外，还需要将建筑结构、水暖电、建造方式（包括建筑打印分块、安装方式等）、施工组织等一系列因素全部包含进数字模型的设计中，这将完全改变建筑师的传统工作方式和思维。

5.4　深圳国际会展中心 3D 打印混凝土公园项目

5.4.1　项目简介

机器人 3D 打印混凝土公园位于深圳国际会展中心 17 号馆前，是第一座以 3D 打印混凝土为主题的公园。公园占地面积 5523.3m²，建设过程中使用了 4 套机器人打印设备打印了包括铺地、挡土墙、雕塑、花坛座椅、护坡、树池、花盆、灯具等多种丰富的景观元素,如图 5-28、图 5-29 所示。该项目充分展示了 3D 打印混凝土技术应用于城市公园建设的潜力,对城市环境产生了积极而深远的影响。

图 5-28　公园铺地

图 5-29　花盆及花坛座椅等构筑物

该公园设计以自然与科技结合为理念,打造全国首座 3D 打印混凝土绿地花园,设计概念为"溪谷清流",蜿蜒的道路曲线和自然起伏的地形融合在一起,模拟清泉流淌于溪谷间的形态,造型生动灵活的园林小品与水平延展的地形有机结合,创造出独特的自然空间。

5.4.2　技术应用情况

园区内所有 3D 打印景观小品以"水"的灵动作为原初设计思想,突出机器人 3D 打印技术在建造曲面造型时的优势，如图 5-30、图 5-31 所示。如场地的北侧开出一朵象征生机与幸运的三叶草，寄托着对健康、真爱的祈愿；场地的南端，溪水形成一道回旋，正中间开出象征深圳市的簕杜鹃花，欢迎着四面八方的来客；花坛座椅、挡土墙的造型都融入了水流灵动的曲线之中，呼应深圳建设全球海洋中心城市的未来愿景。

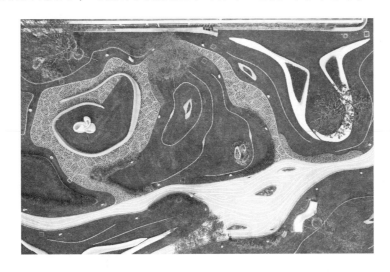

图 5-30　公园灵动设计造型 1

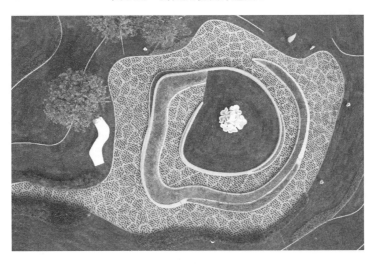

图 5-31　公园灵动设计造型 2

机器人 3D 打印公园的设计首先始于游客的行为模拟，借助 Quelea 粒子群优化算法，模拟场地的人群活动规律；通过人流模拟预测场地日后的人群活动状态。在模拟计算时，将场地中的三个出入口以及南北各一个景观观赏点作为影响人流运动的要素，从而得到蜿蜒复杂的人群运行轨迹。基于此，通过人流热度分析得到其他潜在人群聚集区域及活动路径。之后，引入奇异吸引子算法将人流热度图转换为奇异吸引子运动图形，量化人流热度图中每个吸引点的辐射半径和密度，使得吸引点周边的点不断在辐射范围内偏移，从而得到兼具混沌感与规律性的流线造型，将其作为公园总体规划的雏形，并进一步深化设计。最后，以公园规划设计平面为基础建立公园的虚拟三维模型。根据公园景观及观赏要求，分别设置主题雕塑、花坛座椅、曲面挡土墙、花箱树池、曲线形护坡、曲面绿植花墙、主题构筑物等，这些环境饰品及园林小品的设计均由算法生成，既满足了使用和观赏的要求，又具有优美的有机形态。

5.4.3 打印建造过程

在三维模型的基础上，进行公园实景 3D 打印路径规划，即把三维模型转换为机械臂运动的路线及其操作代码。由于景观具有不规则的有机形态，因此采用区别于一般同层同高叠层打印的三维打印路径，可以更好地表现曲面造型。在原位打印中，河流状铺地的基础是三维路面，且打印物件自身也是曲面造型，这就需要设备贴合曲面进行打印；在造型复杂的雕塑打印中，打印路径不仅要包含每个路径点的空间坐标信息，同时也需要设计每个点的三维向量信息，大幅提升了路径规划的复杂度。目前现有的任何打印路径规划算法都无法契合混凝土 3D 打印的要求，设计团队采用了许多原创的参数化编程方式，使得路径规划的自动化修改和纠错变得更加简单。

以"鹏城花开"雕塑为例。该雕塑的体量约为 $2600mm \times 2700mm \times 1800mm$，设计原型为簕杜鹃，为模拟其花瓣有机、无序的形态，雕塑主体设计为数组起伏的曲面。对这个雕塑进行打印路径规划的难点在于，即便将雕塑拆分为 5 个独立的分块，每个分块仍无法简单用连续变化的平面或者曲面进行切分。因此，研究团队使用一组渐变的不规则曲面来切割每个分块，使得最顶部的曲面能贴合于花瓣的上边缘曲线，而底部则根据设计需求分为了几组不平行的平面。每个分块也继而被切分出了四部分主要结构：第一部分为雕塑的基础，内部包含了柱状的承托结构，用以支撑花瓣的瓣底，这一部分采用变平面的方式打印，使最上方的打印路径平面能够与瓣底曲面相切；第二部分为变平面打印的花瓣，结合底部承托结构的变化来支撑瓣底不断悬挑的碗状形态；第三部分则为双层变曲面打印的花瓣，每个花瓣的打印面由一组往返的打印路径组成，保证每层打印材料都具备足够的稳定性与承受力；第四部分则为单层变曲面打印的花瓣，用以收住整个不规则顶面。五个分块分别打印完成后，再吊装至现场装配固定，如图 5-32 所示。

同时，路径规划中也需要考虑多方面因素，减小实际打印时可能产生的误差。比如，材料特性带来的变形误差、不同构件安装时需要的配合误差、打印宽度变化带来的外形尺寸误差等，都需要经过多次试验得出可靠的结果，才能在路径规划时进行合理消除，使得最终打印物的呈现效果达到最佳。

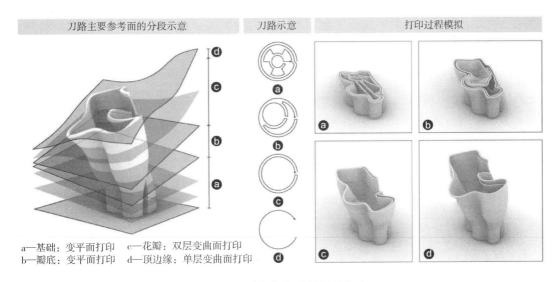

图 5-32　雕塑打印路径规划方法

准备好打印软件之后，机器人打印设备开始进场安装及调试，如图 5-33 所示。现场原位打印时，有四组设备协同工作，它们需要对周边坐标和彼此之间的相对位置进行校准，以确保和环境现状的准确匹配。由工艺流程串联的一整套打印系统包含打印材料运输、材料搅拌、材料泵送、机械臂运动系统、打印前端系统等，均按照自动化和智能化要求设计和调试，以最大程度减少人力。硬件及软件调试后，四组打印设备协同运行，共同完成了河流铺地广场区域的曲线分隔条打印。除现场原位打印外，大部分小品在旁边的工棚内预制打印，之后吊装就位。工棚内安装三套固定机器人 3D 打印设备及一套机器人 3D 打印移动平台，可满足大尺度构件的打印要求，高质高效地完成了珊瑚铺地、雕塑、座椅、挡土墙等小品的打印任务。

图 5-33　现场打印场布设置

产品打印完成后，经过 3d 左右的自然养护即可进行安装。团队针对每种产品进行了必要的安装构造及吊装设计，并与现场施工团队配合，完成了打印产品的定位、吊装、构造连接、勾缝、表面处理等后续工艺，如图 5-34 ~ 图 5-36 所示。由于 3D 打印产品的精度较高，安装缝隙较小，减少了现场湿作业的工作量。之后，结合整个场地的设计概念进行绿化种植，自然起伏的地形表面覆盖柔软浓密的草坪，数棵高大的乔木点缀其中，环境饰品及园林小品展现出自然有机的生态美感。

图 5-34 现场 3D 打印设备

图 5-35 现场打印 1

图 5-36 现场打印 2

5.4.4 技术应用评价

该项目开创了一种崭新的城市环境建设模式，从使用者的行为模拟开始，利用算法生成场地总体规划雏形；在此基础上进行各构件的深化设计，最后由深化设计模型导入打印机器人进行打印施工。整个过程实现了从数字流到物质流的顺畅衔接，创造了独特的景观小品形体，同时机器人 3D 打印技术保证了建造的效率和精度，避免了施工过程中的浪费。

项目为深圳城市环境注入了更多的文化和科技元素，为城市居民提供了一个具有自然与科技之美的优美休闲空间，也为未来的城市环境建设提供了新的思路和借鉴。

3D打印混凝土技术在该项目中的应用，展示了其对城市的积极影响。一方面，该技术可以大幅减少建筑施工过程中的人力和时间成本，提高了施工效率，降低建造对环境的影响；另一方面，该技术的特性能够精确地打印出各种曲线和形态，更准确地还原设计意图，减少了浪费和节约资源。

5.5 北京城市副中心住房预制构件制作项目

5.5.1 项目简介

北京城市副中心某住房项目位于北京市通州区，结构形式为装配整体式剪力墙，工程预制构件种类包括叠合板、阳台板、空调板、楼梯板、阳台隔板、外挂板、防火隔墙、内墙板、外墙板。

根据施工现场7d一层的施工安装进度制订生产进度计划，装配施工约7d一层，现场存一层构件，构件厂储备两层构件，保证了现场施工进度要求。项目效果图如图5-37所示。

图 5-37 项目效果图

5.5.2 技术应用情况

工程预制构件生产中，预制叠合板采用自动化流水线生产，预制外墙板、内墙板采用固定模台生产，预制楼梯板采用独立模具生产。采用BIM深化设计构件的具体构造及其细部，并针对不同构件的生产工艺流程制订了差异化的生产方案，包括机器和设备准备、模具加工、材料准备、劳动力准备、钢筋加工等。构件工艺流程如下：

1）叠合板、空调板、内墙板采用大台模，台模上固定边模，如图 5-38 所示。

2）楼梯板等异型构件生产工艺，采用独立模具，其与叠合板、空调板、内墙板的生产工艺流程基本一致。

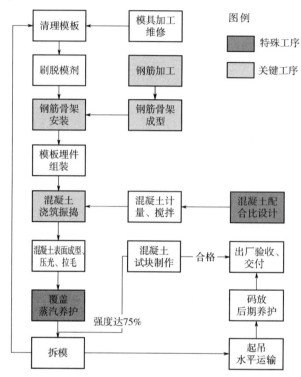

图 5-38　叠合板等生产工艺流程

3）纵肋墙板外饰面（清水）生产工艺如图 5-39 所示。

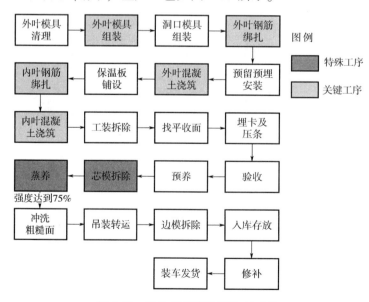

图 5-39　纵肋墙板外饰面生产工艺

每一类构件生产工艺流程中均涉及不同类型的特殊工序和关键工序,以纵肋墙板外饰面(清水)生产为例,其特殊工序包括蒸养和芯模拆除两个,关键工序包括外叶模具组装、外叶钢筋绑扎、外叶混凝土浇筑、内叶钢筋绑扎、内叶混凝土浇筑五个,其他均为一般工序。

5.5.3 构件生产过程

下面以内叶墙生产制作的工序内容为例对构件生产过程进行展示。

1. 组模

首先,对内叶墙预留粗糙面处侧模、芯模(方盒模具、空腔模具)提前20min涂刷缓凝剂,以免钢筋入模时粘连在钢筋上;组模前检查清模是否到位,如发现模具清理不干净,不得进行组模,特别是模具上下基准面;组模时应仔细检查模板是否有损坏、缺件现象,损坏、缺件的模板应及时修理或者更换。

2. 水平钢筋安装

首先,制作弯曲成型箍筋,弯起钢筋位置尺寸要准确,弯钩尺寸符合设计要求;其次,针对箍筋对焊,对焊接头处表面应呈圆滑状,无砂眼、飞刺或爆米花状等问题,不得有横向或环向裂纹,与电极接触处的钢筋表面不得有明显烧伤,成品箍筋内净空尺寸允许偏差±3mm;最后,应将内叶墙模具吊装至专用的钢筋绑扎平台上进行钢筋骨架的绑扎等。

3. 芯模安装

选择正确型号配套芯模进行拼装,侧模、芯模(方盒模具、空腔模具)拼装时不得漏放螺栓或各种固定零件。底部空腔芯模安装完成后固定于下边模上,如图5-40所示。

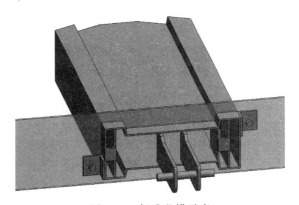

图5-40 标准芯模示意

4. 竖向钢筋铺设

墙体竖向钢筋为焊接封闭钢筋,将墙体竖向钢筋从上边模穿入至底部空腔芯模内,通过芯模内挡板保证钢筋的水平垂直位置精确就位,如图5-41所示。其中,钢筋绑扎需注意：在钢筋网底侧放置塑料垫块，垫块卡在水平筋上靠近十字节点位置，确保保护层厚度；构件顶面与侧面外露钢筋长度需满足设计要求，水平位置在构件长度和宽度方向偏差不大于5mm；构件底部外露钢筋长度与构件底部平齐，偏差不大于5mm；底部外露钢筋100mm处用绑线绑扎，防止抽芯模时底部空腔模具开口处挡板卡住。

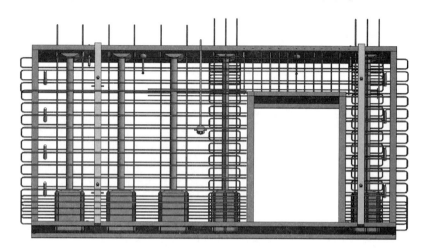

图 5-41　直线形纵肋空心墙板——配筋图（立体图）

5. 预留预埋安装

钢筋模板一切就绪，安装预埋件（水平吊点内置螺母、墙底调平内置螺母、墙顶叠合板支撑内置螺母、线管、线盒、垂直吊钉）等，工装螺栓拧好以防进浆，墙板吊钉绑扎安装时垂直于侧模，平行于底模。安装内置螺母时，顶部使用配套的沉头垫片，底部按图样要求穿钢筋并绑扎牢固，以防止振捣过程中锚筋滑落。

竖向吊点采用吊环或者球头锚钉，锚钉头用 T 杆橡胶包裹，T 杆橡胶安装于上边模具上，用螺栓固定，如图 5-42 所示。

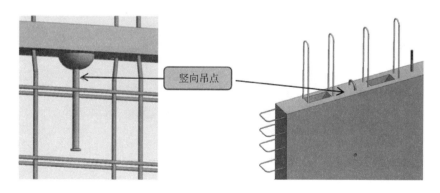

图 5-42　竖向吊点示意

水平吊点采用内置螺母埋件，用工装件固定于设计位置。安放内置螺母埋件时预先对螺纹涂黄油保护，防止水泥浆进入螺纹。埋件底部穿一根钢筋并用绑线固定，钢筋直径和长度应满足设计要求，如图 5-43 所示。

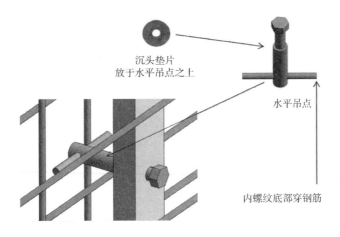

图 5-43　水平吊点示意

线盒线管规格材质根据图样选用，线盒位于空腔外时，采用普通 86 型线盒，线盒位于空腔上时，采用 50mm 高线盒。线盒锁母需与现场施工单位沟通，采用国标统一型号，避免安装出现误差。线盒位于模台面时，用工装件固定于模台上，线盒位于构件上面时，用工装件固定于边模上。

安装观察窗模具，用于空腔内混凝土浇筑情况直观检查，构件出厂时安装透明亚克力板，浇筑完成后可拆卸重复利用，如图 5-44 所示。

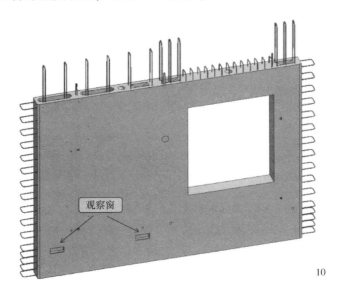

图 5-44　观察窗模具示意图

6. 混凝土浇筑、振捣

浇筑前首先制作混凝土试块，在混凝土浇筑地点随机抽取，要求每拌制 100 盘且不超过 100m³ 的同配合比混凝土，取样不得少于一次；每次制作试件不少于四组，其中取一组进行标准养护。

浇筑前检查混凝土坍落度是否符合要求，过大或过小都不允许使用，需退回搅拌站或通过试验人员现场调整坍落度；浇筑振捣采用灰斗及布料机放料，人工振捣时，根据钢筋骨架间距使用不同的振捣棒，确保混凝土振捣密实；浇筑振捣时尽量避开预埋件位置，振捣时不允许触碰任何埋件，以免埋件松动脱落；浇筑时控制混凝土厚度，浇筑过程中用尺量，先浇筑在基本达到厚度要求时停止下料，混凝土浇筑完毕，上表面与侧模上沿需保持在同一个平面，不允许高于或低于侧模上沿。此外，确保振捣完全，不允许出现漏振现象，浇筑混凝土应连续进行。

7. 混凝土表面抹面

先使用刮杠将混凝土表面刮平，确保混凝土厚度不超出模具上沿；用塑料抹子粗抹，做到表面基本平整，无外漏石子，外表面无凹凸现象，四周侧板的上沿（基准面）要清理干净，避免边沿超厚或有毛边，此步完成后需静停不少于 1h 再进行下次抹面；使用铁抹子找平，特别注意埋件、线盒及外露线管四周的平整度，边沿的混凝土如果高出模具上沿要及时压平，保证边沿不超厚并无毛边，此道工序需将表面平整度控制在 3mm 以内，此步完成需静停不宜小于 2h；使用铁抹子对混凝土表面进行压光，保证表面无裂纹、无气泡、无杂质、无杂物，表面平整光洁，不允许有凹凸现象。此步应使用靠尺边测量边找平，保证上表面平整度在 3mm 以内。

8. 蒸汽养护

蒸养之前需静停，静停时间以用手按压无压痕为标准。严格控制蒸养升温降温幅度及时间，升温不宜超过 15℃/h ——→50～55℃（恒温 4～6h）——→降温不宜超过 15℃/h ——→拆模，蒸养过程要设专人测温并做好蒸养记录，拆模时温度与大气温度相差不超过 20℃方可拆模，以免因温差过大致使构件外表面开裂。

9. 脱模、起吊

在混凝土达到 20MPa 以上时方可脱模。

起吊之前，检查模具及工装是否拆卸完全，如未完全拆除，不允许起吊；检查专用吊具及钢丝绳是否存在安全隐患，尤其是吊具要重点检查，如有问题，不允许使用并及时上报；起吊指挥人员要与起重机配合好，保证构件平稳、水平起吊，不允许发生磕碰；起吊后的构件放到指定的构件冲洗区域，下方垫 100mm×100mm 长木方，保证构件平稳，不允许磕碰。

10. 倒运、修补

起吊后的构件放至倒运车上，运至冲洗房，冲洗质量要求露出粗骨料，冲洗完毕码放到存储区，存放采取插放架立式存储。支垫方木必须有一定的硬度且尺寸相同，支垫在吊点垂直下方，内叶墙范围内，且支垫在纵肋上，严禁支垫在空腔上，严禁外叶墙受力。插放架两侧要夹紧支牢。

不合格的产品，根据缺陷的不同采取不同的修补方法，掉角大的部位不得使用纯素灰修补，修补后的成品需自检。

11. 成品验收

检验包括构件外观、外露筋、预埋件、预留孔、产品标识等。自检合格后填写构件质量检验记录，通知技质部进行验收。验收合格后盖检验章，然后入库。

5.5.4 技术应用评价

工厂化生产的预制构件打印制作技术，包括钢筋制品机械化加工成型、各类预制构件的生产工艺设计、模具方案设计、预制构件机械化成型、预制构件节能养护以及预应力构件生产质量控制等技术内容。具有设计更加规范，生产的零件精度更高，生产计划能够与运输计划相适应，能够实现构件整体的吊装顺序化，减少质量通病问题等优点，但对材料质量、钢筋加工、埋吊件准备与安放等提出了更高的要求。

实现预制构件的工厂化加工，不仅可以有效地提高预制构件的总体质量，还能够把控其构件的总体精度。也能够通过预制构件缩小建筑施工面积，便于对其整体的精确化管理，让构件生产管理工作更加细化，与建筑高质量发展需求相一致。

思考题

1. 装配式3D打印与原位3D打印之间有哪些异同之处？
2. 装配式3D打印与原位3D打印的技术原理是否一致？
3. 采用3D打印建造技术的建造方式未能大规模推广的主要制约因素是什么？
4. 3D打印建造技术应用中通常会涉及哪些辅助性建造技术？请以实际工程案例举例说明。

第 6 章　3D 打印建造技术的工程实训

> **本章重点**

1. 通过构件生产沙盘、构件生产管理系统、原位 3D 打印系统等内容实训，掌握 3D 打印建造技术在工程实际应用中的基本流程
2. 熟悉构件生产沙盘、构件生产管理系统、原位 3D 打印系统等的基本操作
3. 了解 3D 打印建造技术的应用要点

> **本章难点**

1. 区别与联系装配式 3D 打印和原位 3D 打印两类技术的生产应用场景，明确其在工程实践中的适用性
2. 掌握 3D 打印建造技术的应用要点

3D 打印建造技术包括装配式 3D 打印和原位 3D 打印两类。随着我国新型建筑工业化的快速发展，以构件工厂制作为核心的装配式 3D 打印建造技术的发展已进入产业化阶段，关于生产机械、制作工艺、管理软件等方面，在预制构件或装配式建筑龙头企业内均形成了一定积累，如北京市燕通建筑构件有限公司、三一筑工科技股份有限公司、长沙远大住宅工业集团股份有限公司等；而原位 3D 打印技术兴起较晚，目前研究集中在装备研发、材料研发、建模及控制系统开发等。总体来看，3D 打印建造技术注重专业知识基础和工程实践能力，要求高校或企业等相关人员能够掌握其基本原理、了解生产场景且具备动手实操能力。

本章将介绍 3D 打印建造技术的工程实训内容，具体包括装配式 3D 打印生产流程实训、装配式 3D 打印生产管理实训和原位 3D 打印建造实训。

6.1　预制构件生产沙盘实训

预制构件生产沙盘实训旨在通过模型直观认识和动画演示，了解预制构件生产全流程

及关键工序、构件生产常见生产线工艺、工厂功能区布局特点等。实训需提交预制构件生产流程图且涵盖生产全过程中涉及的关键要素（如功能模块、工序、工序逻辑关系、质量检查节点、责任部门等），提交涵盖多条生产线（多功能、固定模台等）的构件厂布局方案图，进行可行性分析。

6.1.1 实训沙盘介绍

构件生产沙盘按照一定比例尺对真实的构件生产厂生产线布局及工序装备进行还原建模，并具备部分工序及机械动画演示功能，构件生产流程及工序清楚直观。实训沙盘主要由模型主体（功能分区，如生产厂区、堆场区、施工现场区、景观道路等）、动画交互体系、构件生产主要工序设备模型等组成。

1. 沙盘规格及模块分区

本书中所展示的沙盘模型参照北京燕通构件厂PC生产线布局制作，并将生产阶段延伸到施工现场，表达装配式3D打印建筑建造逻辑，构件生产沙盘尺寸为2m×4m，主要包括PC生产厂区、构件堆场、吊装施工区、构件运输及文明工地。

1）原材料准备厂区：一条钢筋加工生产线和混凝土搅拌站。

2）PC生产厂区：一条叠合板生产线、一条多功能生产线、一条固定模台生产线的三条主流构件制作生产线。

3）构件堆场区：展示叠合板、预制梁、预制柱、预制楼梯、预制墙等典型构件组成的构件堆场，堆场设置龙门式起重机，构件运输车停车场，装卸区等功能区。

4）构件运输：静态的构件运输车。

5）吊装施工区：正在施工的装配式建筑3栋；建筑上有自动爬架、物料提升机等，塔式起重机布置：一台动态垂直吊运，一台静态灯光闪烁。

6）文明工地：包括现场办公室、消防柜、消火栓、旗杆、动力配电箱、二级配电箱、班前讲评台、安全通道、消防雾气炮等。其他包括装配工人、周边绿化、植物、路灯、施工围挡、员工通道、茶水室、吸烟室、垃圾箱、安全防护标识等配件及周围场景，如图6-1所示。

2. 交互体系

沙盘的交互体系主要由一台触控一体机进行控制，如图6-2所示，控制器的尺寸为19in，内存容量为4GB，硬盘容量为64GB，内存类型为DDR3，显卡类型为集成显卡，显示器类型为LED，能够完全满足对沙盘各个动画模块的精准控制。

本交互体系自带操作系统，一体机内部设置3D视频动画，实现触摸一体机发射信号可开启与关闭3D视频动画程序。

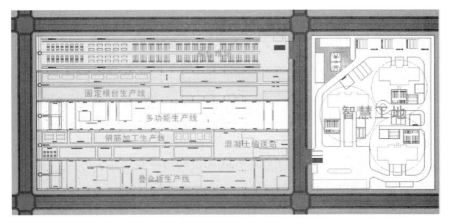

图 6-1　构件生产沙盘平面图

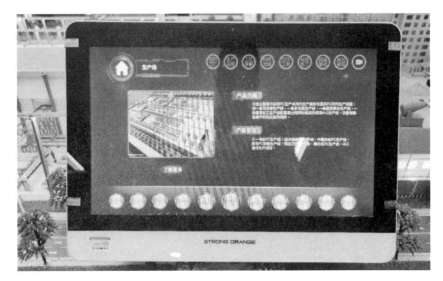

图 6-2　沙盘操控系统界面

3. 构件生产主要设备

构件制作具有复杂的生产工序流程，每道关键工序可能涉及各种机器具的使用，不同机器具在生产工艺中发挥着各自功能，且需遵循严格的生产顺序，如图 6-3 所示。在满足构件多功能、自动化生产的要求下，主要的设备包括如下：

1）清扫喷涂机：清扫模台表面，使模台表面干净无杂物；向模台表面喷涂水性或蜡质脱模剂，使接触面无划痕、锈渍等。

2）划线机：在模台上根据构件设计尺寸划线，定位模具拼装的位置。

3）边模机：根据划线机的定位线，摆放、固定模具。

4）放置钢筋：将加工好的钢筋网片放置到模台上。

5）放置预埋件：将吊钉等预埋件放置到设计图样规定的位置。

6）布料机：将搅拌好的混凝土料均匀布到模具中。

7）赶平机：将模具中的混凝土赶平，使混凝土表面均匀平整。

8）振捣机：振捣混凝土，使混凝土密实、不出现分层。

9）抹平机：将振捣后的混凝土表面抹平。

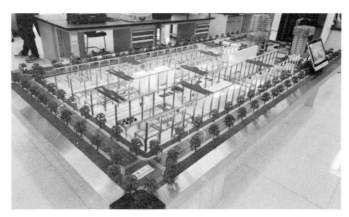

图 6-3 沙盘设备厂区布置

10）预养护：将构件恒温预养护，等待下一步加工。

11）拉毛机：将构件的叠合表面进行拉毛处理。

12）养护窑：窑内温度要求 50~55℃，采用干湿混合蒸养形式进行构件养护。

13）翻板机：将养护出窑的构件脱模、卸板处理。

14）摆渡车：将模台进行整体变道平移。

15）拆模机：机械臂扫描模台，获取边模及位置信息，通过抓手自动拆除边模。

6.1.2 原材料准备

构件厂内原材料准备主要包括钢筋加工和混凝土拌制。

1）钢筋加工生产线及钢筋设备静态展示，如图 6-4 所示，包括钢筋上线 KBK、钢筋存储区、桁架存储区、钢筋捆扎区、网片存储区、钢筋弯箍机、钢筋立式弯曲机、钢筋调直切断机、棒材剪切线及网片生产等钢筋加工设备。

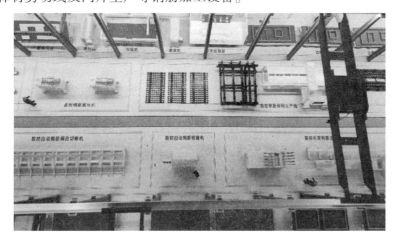

图 6-4 钢筋加工生产线模块

2）混凝土搅拌站，采用静态展示的方式，如图 6-5 所示，主要包括水泥存储区、砂石存储区、商品混凝土、混凝土搅拌站及混凝土输送等混凝土加工输送设备。通过现场混凝土的制备能够在最短时间内完成浇筑，确保混凝土不会因运输时间太长而降低性能，影响构件产品质量；混凝土现场制备具有较好的成本经济性。

图 6-5　混凝土搅拌站制作模块

6.1.3　构件加工

通常构件生产阶段基本工艺流程包括模台清理、划线、喷脱模剂、边模安装、钢筋安装、预埋件安装、布料振捣、赶平抹光、养护刹码、拆模、翻转吊运等工序，上述工序在构件沙盘中均进行了呈现。部分示例如图 6-6～图 6-10 所示。

图 6-6　模台清洁及设备准备

图 6-7　钢筋笼制作及入模

图 6-8　预埋件布置、浇筑及振捣等

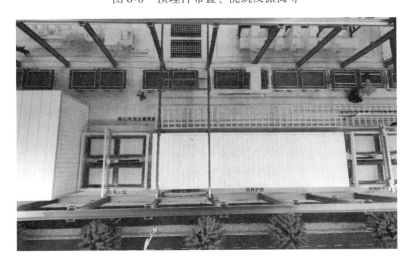

图 6-9　构件养护

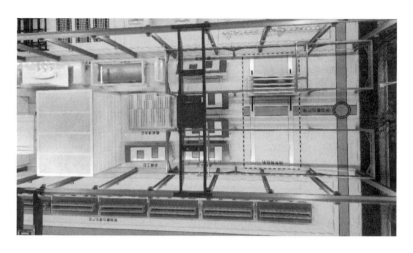

图 6-10 构件拆模转运

在沙盘中参考当前构件生产工艺现状及多样化展示需求，共设计了三种生产线，分别为叠合板生产线、多功能生产线和固定模台生产线。

具体生产线如下：

（1）叠合板生产线 如图 6-11 所示，进行模台及设备动态展示，其中恒温预养护和养护窑进行了透光制作，可了解其内部构造；整条生产线可自动演示生产工艺流程。

（2）多功能生产线 如图 6-12 所示，可进行模台及设备的动态展示，模型动态表现包括清理、喷涂、划线、钢筋布置、放置预埋件、布料、振捣、赶平、预养护、抹平、拉毛、养护窑、码垛机、脱模、翻板吊运等工位；每个工位按实际生产流程顺序逐一演示讲解，灯光动态、语音同步。

图 6-11 叠合板生产线示意

图 6-12 多功能生产线示意

（3）固定模台生产线　如图 6-13 所示，进行模台静态展示，包括预制阳台、预制空调板、预制梁、预制楼梯立模及转运布料机等工位。

图 6-13　固定模台生产线示意

6.1.4　构件养护

因混凝土材料力学性能需在特定温湿度条件、一定时间内逐步形成的特点决定了构件养护是确保其质量满足建造规范要求的关键步骤。当前，为了保证养护环境可控且更优、提高养护效率，各构件生产厂均建设了养护窑，如图 6-14 所示。

图 6-14　构件养护（养护窑）

6.1.5 构件储运

通常情况下,为了满足工程进度的要求,在养护窑中养护至满足构件基本起吊要求后,其混凝土强度通常未达到出厂要求,需在出窑后转运至距离生产区距离较近的堆场区进行继续养护,构件堆场也是其满足出厂要求的前提,如图6-15所示。

6.1.6 构件吊装

构件作为装配式建筑的基本组成单元,从出厂运输至施工现场并完成构件吊装,是装配式3D打印建造的最后流程。其中,为了保证构件供应能够满足施工进度的要求,通常需提前在施工现场进行一定量的

图6-15 构件堆场

构件储备,即堆场。因此,在装配式建筑施工工地通常会设置堆场区以满足施工要求,如图6-16所示。

图6-17为构件吊装施工示意。吊装由于属于高处作业,且因构件的大体量和重量影响,危险性较高,而被学者和施工现场人员所重点关注。

图6-16 施工现场构件堆场

图6-17 施工现场构件吊装

6.2 预制构件生产管理系统实训

预制构件生产管理系统需在构件生产沙盘实训的基础上进行,其深化了基于生产流程的生产进度及质量目标的管理内容。通过软件实操,了解构件生产全流程管理内容及关键要素(从图样深化设计至出厂交付验收),需设计并提交一份构件生产方案,对各生产环

节管控要点展开分析。

6.2.1 实训系统介绍

"构件生产管理实训系统"涵盖构件生产全流程及进度、质量等多类管理要素,学生通过软件实操能够了解构件实际生产管理的主要工作内容及各环节工序的关键要素内容,图 6-18 为主页面,图 6-19 为系统登录页面。

图 6-18 构件生产管理实训系统主页面

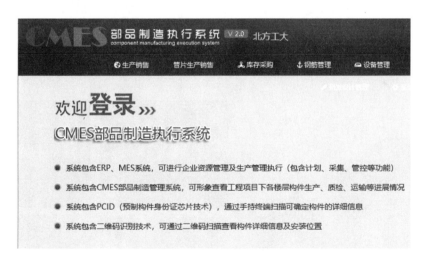

图 6-19 构件生产管理实训系统模块登录页面

实训系统具备以下特色功能:

1)系统可形象查看工程项目下各楼层构件生产、质检、运输等进展情况。

2)系统包含 PCID 技术(预制构件身份证芯片技术),通过手持终端扫描可确定构件的详细信息。

3）系统包含二维码识别技术，通过二维码信息录入，在生产管理中可通过二维码扫描查看构件详细信息及安装位置等信息。

6.2.2　图样深化及工期确认

1. 图样深化

构件深化设计是设计工作的延续，作为构件生产制作的依据，应包括构件设计详图，包括平、立、剖面图，预埋吊件以及其他埋件的细部构造图等，如图 6-20 所示；构件装配详图，包括构件的装配位置、相关节点详图及临时斜撑、临时支架的设计结果等，如图 6-21 所示；生产方法包括构件制作工序、工艺方法等。

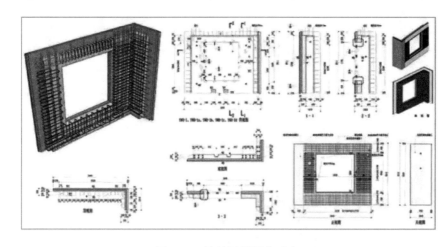

图 6-20　构件图样深化示意

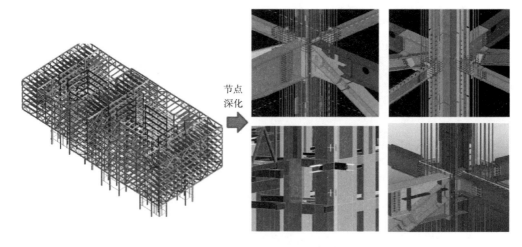

图 6-21　构件节点深化设计示意

2. 生产工期确认

生产工期确认直接影响构件厂的排产计划，是构件生产管理前必不可少的一项工作。在实际工厂生产中，预制构件企业往往涉及多项目、多品种生产，特定项目的生产工期直接决定了生产调度与排产顺序，也可能因复杂生产环境导致构件重复生产或者遗漏生产、生产车间不严格按照生产计划生产会导致列入排产计划的构件供应不上、由于信息反馈不及时导致储存场地占压和工期延误。完全按照生产实际将无法达到实训要求。

特此说明，本书中实训内容仅把“构件生产工期”作为方案分析的一项内容，并不在生产管理流程实训中考虑，假定少数量的构件无延迟地生产活动。

6.2.3 构件及物料需求准备

1. 构件需求管理

合理的采购计划是企业经济性的重要内容，企业经营人员要及时确认项目工地每栋楼首层预制构件需求时间和预制构件安装周期，编制形象进度图，并据此编制构件需求计划表，如图 6-22 所示，进而形成物料需求计划的基础数据。

中海丽春湖项目

全部

6层水平构件	10	2019-06-15	0-0/0/0/0/0	10	2019-06-15	0-0/0/0/0/0	10	2019-06-15	0-0/0/0/0/0	10	2019-06-15	0-0/0/0/0/0	10	2019-06-15	0-0/0/0/0/0
6层竖向构件	10	2019-06-05	0-0/0/0/0/0	10	2019-06-05	0-0/0/0/0/0	10	2019-06-05	0-0/0/0/0/0	10	2019-06-05	0-0/0/0/0/0	10	2019-06-05	0-0/0/0/0/0
5层水平构件	10	2019-05-26	0-0/0/0/0/88	10	2019-05-26	0-0/0/0/0/66	10	2019-05-26	0-0/0/0/0/66	10	2019-05-26	0-0/0/0/0/88	10	2019-05-26	0-0/0/0/0/88
5层竖向构件	10	2019-05-16	0-0/0/0/0/106	10	2019-05-16	0-0/0/0/0/81	10	2019-05-16	0-0/0/0/0/81	10	2019-05-16	0-0/0/0/0/106	10	2019-05-16	0-0/0/0/0/106
4层水平构件	10	2019-05-06	0-0/0/0/0/88	10	2019-05-06	0-0/0/0/0/66	10	2019-05-06	0-0/0/0/0/66	10	2019-05-06	0-0/0/0/0/88	10	2019-05-06	0-0/0/0/0/88
4层竖向构件	10	2019-04-26	0-0/0/0/0/106	10	2019-04-26	0-0/0/0/0/81	10	2019-04-26	0-0/0/0/0/81	10	2019-04-26	0-0/0/0/0/106	10	2019-04-26	0-0/0/0/0/106
3层水平构件	10	2019-04-16	0-0/0/0/0/88	10	2019-04-16	0-0/0/0/0/66	10	2019-04-16	0-0/0/0/0/66	10	2019-04-16	0-0/0/0/0/88	10	2019-04-16	0-0/0/0/0/88
3层竖向构件	10	2019-04-06	0-0/0/0/0/106	10	2019-04-06	0-0/0/0/0/81	10	2019-04-06	0-0/0/0/0/81	10	2019-04-06	0-0/0/0/0/106	10	2019-04-06	0-0/0/0/0/106
2层水平构件	10	2019-03-27	0-0/0/0/0/84	10	2019-03-27	0-0/0/0/0/63	10	2019-03-27	0-0/0/3/0/63	10	2019-03-27	0-0/3/4/0/84	10	2019-03-27	0-3/4/4/0/84
2层竖向构件	10	2019-03-17	0-0/0/0/0/106	10	2019-03-17	0-0/0/0/0/81	10	2019-03-17	0-0/0/0/0/81	10	2019-03-17	0-0/0/0/0/106	10	2019-03-17	0-0/0/0/0/106
1层水平构件	10	2019-03-07	0-0/0/0/0/80	10	2019-03-07	0-0/0/0/0/60	10	2019-03-07	0-0/0/0/0/60	10	2019-03-07	0-0/0/0/0/80	10	2019-03-07	0-0/71/72/0/80
1层竖向构件	10	2019-02-25	0-0/0/0/0/102	10	2019-02-25	0-0/0/0/0/78	10	2019-02-25	0-0/0/0/0/78	10	2019-02-25	0-0/0/10/13/102	10	2019-02-25	0-0/8/18/0/102
楼描述	待填			待填			待填			待填			待填		
楼号	2-3#楼			2-4#楼			2-5#楼			2-6#楼			2-7#楼		

图 6-22　构件需求计划表示意

2. 物料需求管理

物料需求管理涵盖原材料、辅助材料、生产工具、机器设备配件等全部物资用量，并需预测每月物料需求，为采办职能部门按照物料需求计划估算出资金额提供依据，并拟定每月资金需求计划，报财务部审批。物料需求计划涵盖原材料名称种类、规格型号、单位数量、货期等主要内容，如图 6-23 和图 6-24 所示。

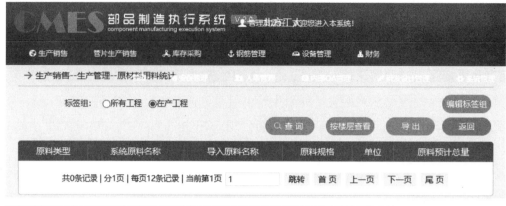

图 6-23　某项目原材料预计总量统计表

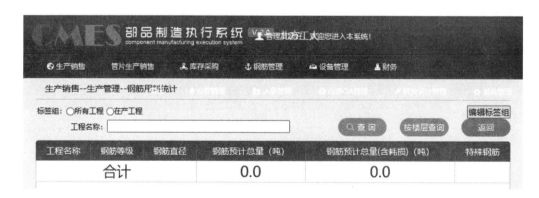

图 6-24　某项目钢筋预计总量统计表

3. 模具设计与制作管理

模具设计与制作管理是构件生产中考虑的关键要素之一，要求按照构件生产实际需求进行模板的设计与制作管理，以最大模板周转量满足生产需求，如图 6-25 所示，通常包括模台和侧模两类，并可根据构件类型细分为墙模、板模等。

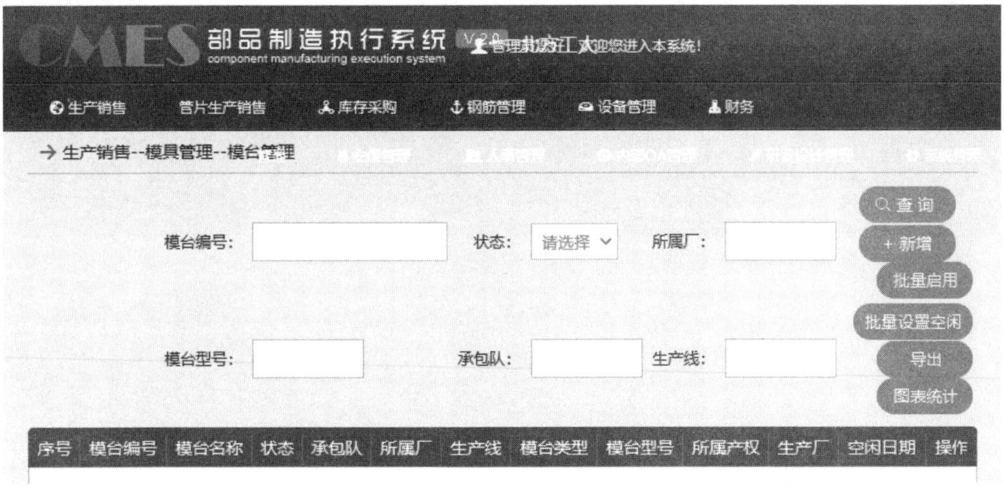

图 6-25　构件厂模板管理

通常，当构件需求计划制订完成后，即可形成模台和边模板的需求计划，并基于空余模板统计进行统一核算，如图 6-26 所示，包括型号、需求数量、需求进度等信息，之后，模具管理部门据此制订模板供应计划。

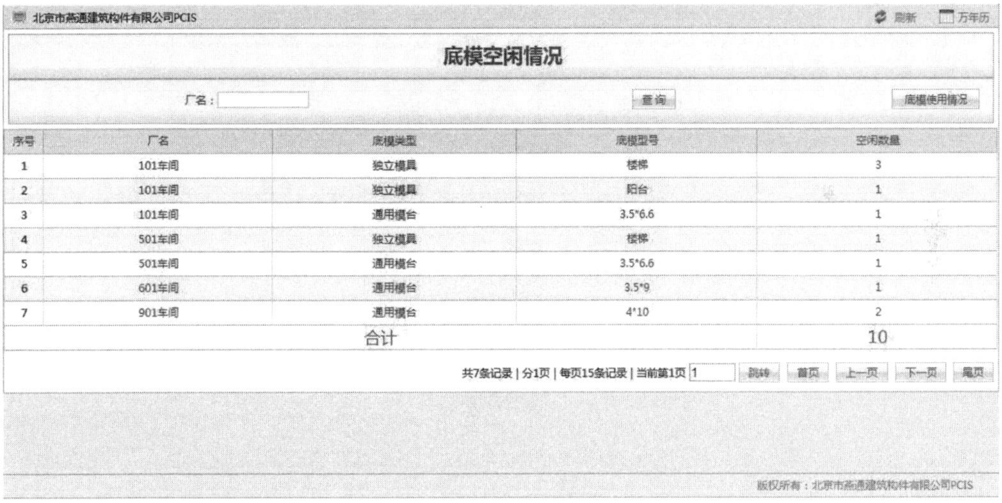

北京市燕通建筑构件有限公司PCIS　　刷新　万年历

底模空闲情况

厂名：　　查询　　底模使用情况

序号	厂名	底模类型	底模型号	空闲数量
1	101车间	独立模具	楼梯	3
2	101车间	独立模具	阳台	1
3	101车间	通用模台	3.5*6.6	1
4	501车间	独立模具	楼梯	1
5	501车间	通用模台	3.5*6.6	1
6	601车间	通用模台	3.5*9	1
7	901车间	通用模台	4*10	2
	合计			10

共7条记录 | 分1页 | 每页15条记录 | 当前第1页 1　跳转　首页　上一页　下一页　尾页

版权所有：北京市燕通建筑构件有限公司PCIS

图 6-26　空余模台（底模）统计表

4. 原材料质检

按照《预制混凝土构件质量检验标准》等相关要求，在构件生产质量评定中，根据钢筋、混凝土检验资料等判定预制构件的质量，当各检验项目的质量均合格时，方可判定为合格产品。因此，构件所用的原材料如钢筋加工和连接的力学性能，混凝土的强度，装饰材料、保温材料及连接件、机电线盒等预埋件的质量均应根据现行有关标准进行检查试验，出具试验报告并存档，且检验资料应完整，实训系统应用信息化手段实现这一功能要求，如图 6-27 和图 6-28 所示。

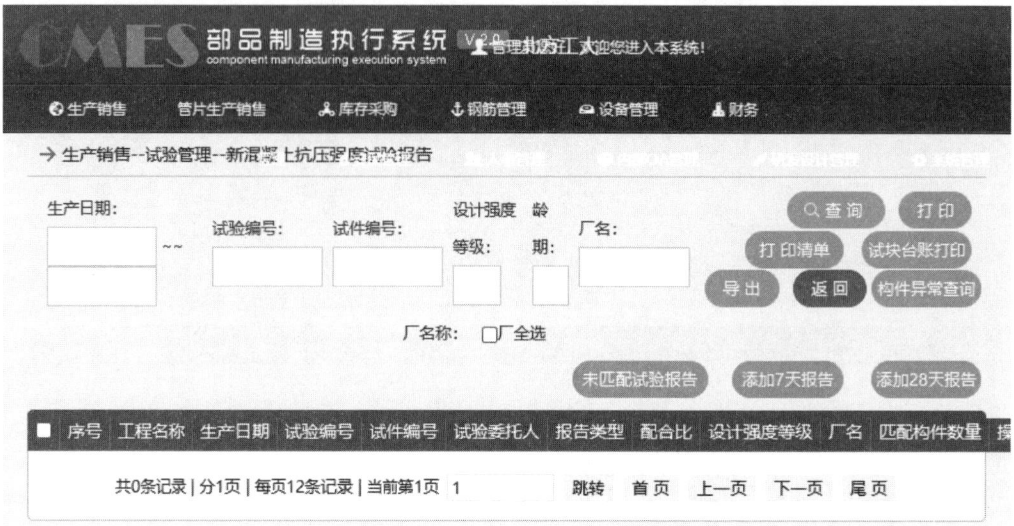

图 6-27　混凝土抗压强度试验结果记录示意

图 6-28　原材料质检合格证上传管理

6.2.4　构件制作与质量管理

构件生产加工环节，按照工序流程包括模具组装──→钢筋绑扎──→预留、预埋件定位安装──→隐蔽检查──→混凝土浇筑──→蒸汽养护──→构件脱模──→构件表面清理、修补——→成品质检——→入库存放，且过程中需针对关键环节或部位进行质量检查。

构件生产管理系统针对各工序环节主要对其质量检查结果进行上传记录，应用 PCID 技术（预制构件身份证芯片技术），形成构件的身份信息。

1. 生产线及模台排产

在构件生产实际排产中，需要根据待产池的情况对闲置模台进行排产，图 6-29 为企业实际生产过程中的待产池管理情况，分为"待下单"和"已下单"两种状态。构件生产管理实训系统不考虑这一复杂环境，但需对此了解。

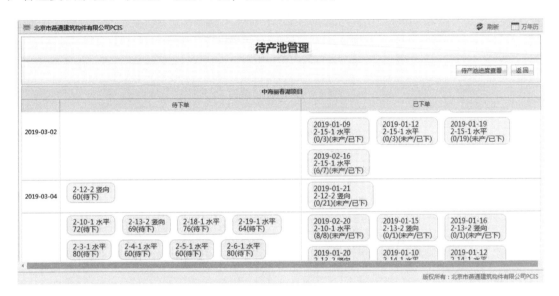

图 6-29　待产池管理模式

2. 模具、钢筋及预埋件安装

针对模具的质量检查内容，要求上传模具和台座使用记录、模具质量检验记录、预制构件模具安装的偏差记录等信息。

针对预埋件、预留孔和预留洞等，应固定在模板或支架上，不得遗漏，且应安装牢固、位置准确。应上传以下质量检查信息：钢筋焊接头、机械连接头、套筒灌浆连接接头工艺检验报告；钢筋半成品、成品质量检验记录；预埋件、预留孔和预留洞定位尺寸偏差检验记录；预应力筋张拉记录；预应力筋应力检测记录。

最后，钢筋、预应力筋及预埋件入模安装固定好后，浇筑混凝土前再进行构件的隐蔽工程质量检查，留存可佐证的影像资料，如图 6-30 所示。

3. 混凝土浇筑及养护

混凝土性能将直接决定构件的生产质量，并要求从其制备开始就记录存储生产数据，直至其成型，需上传的信息主要包括混凝土搅拌台不同配合比的生产数据逐盘记录；混凝土浇筑前坍落度记录；混凝土浇筑记录（图6-31）；混凝土养护记录；混凝土强度报告（按现行国家标准《混凝土强度检验评定标准》GB/T 50107—2010的规定分批评定）。

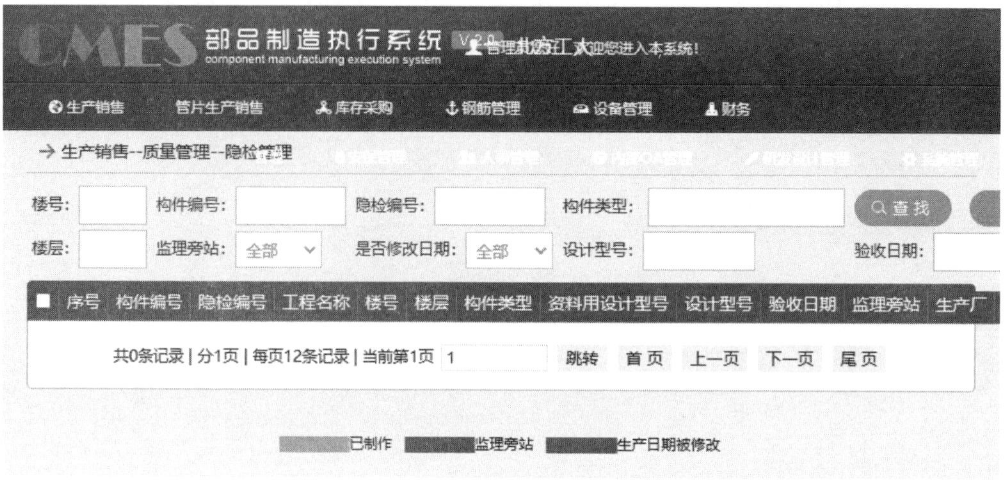

图6-30 隐蔽检查记录

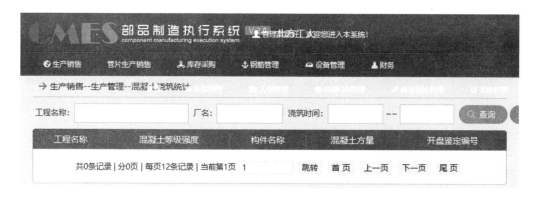

图6-31 构件混凝土浇筑记录

此外，预制构件蒸汽养护之前应充分静停，蒸养过程严格控制升降温速度和时间，做好蒸养记录。

4. 脱模修补及成品质检

混凝土构件的脱模工作是混凝土施工中的关键环节之一，脱模不当会导致混凝土表面破损、开裂等问题，影响混凝土构件的质量和美观。脱模要求确定并记录的信息包括修补记录，混凝土构件表面是否存在裂缝、脱落等缺陷，如有则进行修补；脱模前养护时间，混凝土构件的脱模时间为浇筑后24~62h内；脱模剂涂刷质量，脱模模板表面涂刷脱模剂，应注意涂刷均匀，不得漏刷，同时要确保脱模剂与混凝土表面充分接触，以便后续工作的顺利进行。

构件检验信息应包括首件验收记录；结构性能检验报告；外观质量；尺寸偏差；预留孔、预留洞、预埋件、预留插筋、键槽的位置；受力型预埋件抗拉拔力检验记录；饰面砖与预制构件基面的粘结强度检验记录等，如图 6-32、图 6-33 所示。

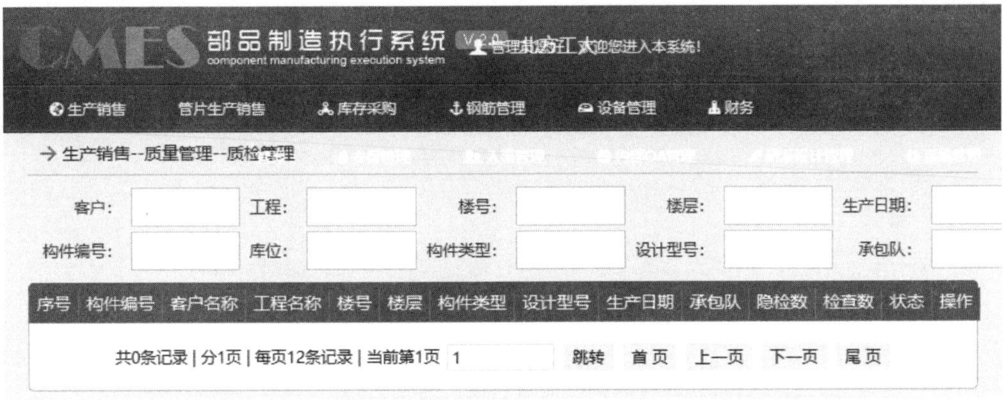

图 6-32　构件质检管理

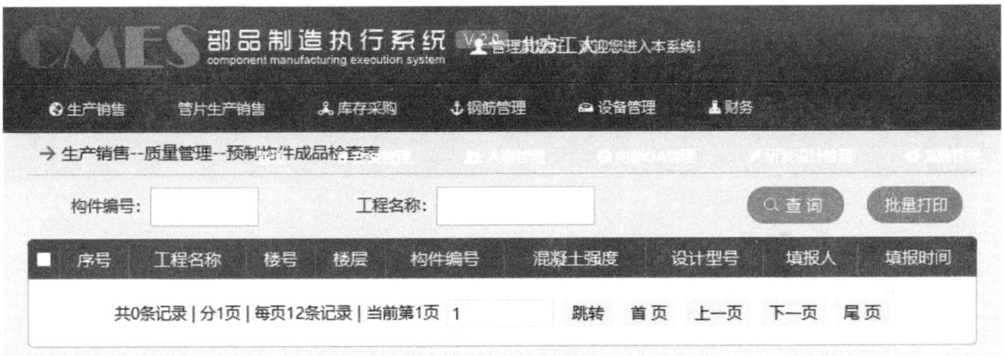

图 6-33　构件成品检查表

5. 信息化管理

采用二维码或无线射频等技术记录信息时，核对相关信息的准确性，制作构件二维码。预制构件检查合格后，通常在构件上进行二维码张贴标识，标识内容包括工程名称、构件型号、生产日期、合格标识、生产单位等信息，如图 6-34 所示。

6.2.5　构件储运与出库交付

构件储运主要包括工厂厂区内堆厂储存和构架出厂运输两部分。通常对构件堆厂的场地条件、堆置方式等有一定要求，以保证构件在仓储过程中不受损，上述信息应进行记录并定期上传系统；而在出库前，需通过"构件定位查询"进行目标构件的准确定位，如图 6-35 所示。

图 6-34　构件二维码制作

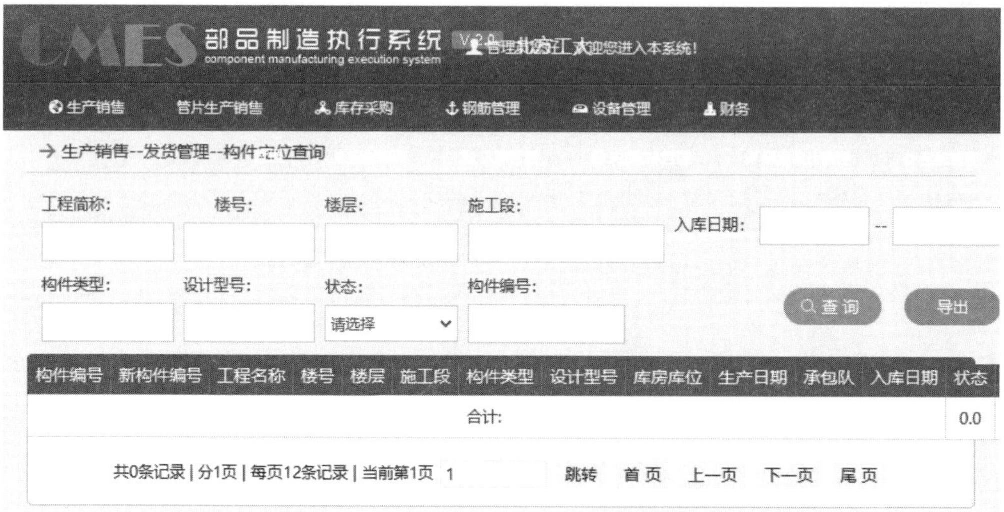

图 6-35　构件定位查询

构件出库管理主要根据施工现场进度需求，经出厂检验合格后进行车辆运输，需记录构件出库数量、构件方量、构件重量、承运信息（如单位名称、车辆信息、运输状态等），如图 6-36 所示，进场验收合格后完成交付。

图 6-36　构件出库管理

6.3　原位 3D 打印建造项目实训

目前原位 3D 打印机有机械手臂式、框架式、龙门架式、极坐标式等，本节以框架式原位 3D 打印建造一个小比例的建筑部品为例进行软硬件的操作实训。软件方面，采用混凝土（砂浆）3D 打印智能控制系统 Moli（由国内某科技公司自主研发），并采用常用的轮廓工艺进行打印。

6.3.1　3D 模型构建

按照个人需求或者设计，通常使用计算机辅助设计（CAD）程序（例如 Rhino，Sketch Up 和 Solid Works）进行设计，并使用结构分析软件（例如 Abaqus）进行结构优化；或通过对已经存在的事物的扫描"复制"出一个一模一样的物体；或者将 CT、MRI 等医学影像用软件进行重建，重现模型。

此外，由于 3D 打印技术的逐步普及，3D 打印服务体系也在不断完善，国内比较有名的 3D 打印服务平台有：南极熊、3D 打印虎等；国外比较有名的如 Thingiverse 等，均提供了大量精美细致的 3D 数字模型。因此，3D 模型构建也可以在现有服务平台资源的基础上进行二次加工，以实现快速建模。

相关软件建模示意如图 6-37 所示。

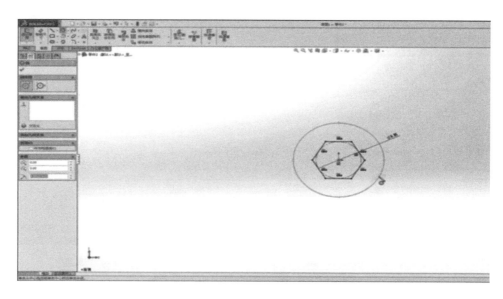

图 6-37　在 Solid Works 中建模示意

6.3.2　STL 格式化数据处理

3D 建模完成后，将设计以 STL 格式导出，STL 的意思是 STereo Lithography 或 Standard Triangle Language。此格式主要通过描述 3D 模型的表面几何形状来存储 3D 模型的信息，但是并没有储存其他模型的属性（例如颜色），如图 6-38 所示。

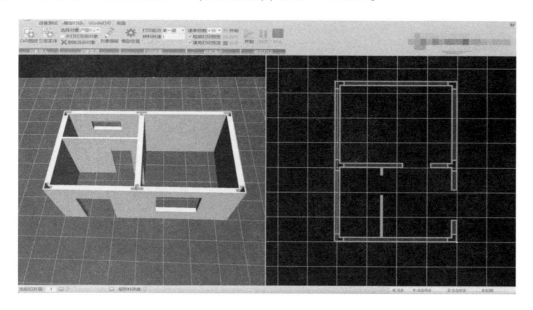

图 6-38　3D 模型导入

由于 CAD 软件和 STL 文件格式自身的问题，以及转换过程造成的错误，所产生的 STL 格式文件可能存在少量缺陷，如出现违反共顶点规则的三角形、出现错误的裂缝或孔洞、三角形过多或过少等，应选用于观察、纠错和编辑（修改）STL 格式文件的专用软件进行纠错，如 Rapid Prototyping Module（RPM）4.0、Rapid Editor 等。

6.3.3 分层切片处理

将 STL 格式文件导入"切片软件"以生成辅助支架，设定打印参数设置以及切片。辅助支架是一种临时支撑结构，如果模型中具有悬空的部分，则需要辅助支架在打印过程中起到支撑悬空部分的作用，辅助支架在打印完成后将其移除。设置的切片参数包括层高、线宽、打印速度、填充率等。打印参数设置完毕，切片软件将自动对 3D 模型进行切片。切片实际是将 3D 模型的数据转换为 3D 打印机可以理解的 Gcode 代码。其中，G 代码是一种通用的计算机数控（CNC）编程语言，一种指导性的语言，用于告知计算机化的机器如何处理材料和制造零件。

选用 Simplify 3D（3D 打印切片软件）进行切片处理，其强大的、全合一的软件应用程序简化了 3D 打印的过程，同时提供了强大的定制工具，使用户能够在 3D 打印机上获得更高质量的结果。或选用 Ultimaker cura 软件，这是目前市场上使用最广泛的开源切片软件，也是一款中文的 3D 打印切片软件。Ultimaker cura 软件具有快速的切片功能，具有跨平台、开源、使用简单等优点，能够自动进行模型准备，模型切片。

Ultimaker cura 软件界面如图 6-39 所示。

图 6-39　应用 Ultimaker cura 软件的切片示意

6.3.4 层片打印路径规划

在切片过程中，3D 模型被分割成多层且每一层都有自己的打印路径。然后每个切片层的信息将转换为 G 代码，最后发送到 3D 打印机。

打印前需进行层片打印路径规划。当前已有较多成熟算法可以应用且已固化为操作软件，从而实现打印路径的自动规划，如图 6-40 所示。

6.3.5 打印及养护

打印前需要完成混凝土制备等准备工作，如需确定混凝土配合比，以保证混凝土的强度

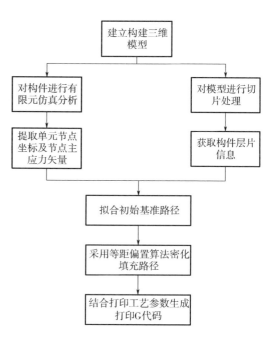

图 6-40　构件打印路径规划方法

和耐久性，需确定打印的形状和尺寸，以保证混凝土打印的准确性。将混凝土材料装入打印机中，按照预设参数进行打印。不同的打印参数会影响打印物体的质量和耗材情况，在打印过程中需要保证混凝土的流动性和均匀性，并根据混凝土的特性进行调整，及时调整其打印速度、打印压力和打印精度，避免出现空洞和裂缝等问题；此外，3D 打印机需要控制打印材料的温度，以确保打印质量和稳定性。图 6-41 为典型打印软件控制界面，除了模型导入编辑外，可对机械臂进行控制。

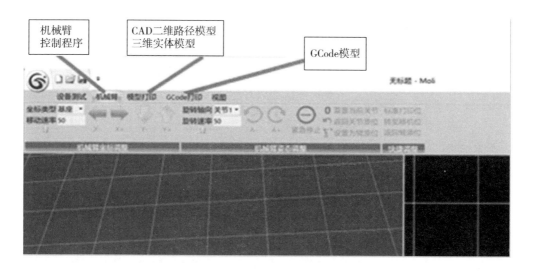

图 6-41　打印软件控制界面

打印完成后需要将混凝土固化，以保证其强度和稳定性。可采用自然固化和加速固化两种方法。

思考题

1. 构件生产中涉及的主要工序流程有哪些？
2. 构件生产管理中，在哪些工序环节需进行质量检查？
3. 原位3D打印建造的工序流程有哪些？
4. 不同的构件生产的工序流程有区别吗？区别在哪里？举例说明。

参 考 文 献

[1] 霍亮,蔺喜强,张涛.3D打印建造技术及应用[M].北京:地质出版社,2018.

[2] 丁烈云,徐捷,覃亚伟.建筑3D打印数字建造技术研究应用综述[J].土木工程与管理学报,2015,32(3):1-10.

[3] 肖建庄,柏美岩,唐宇翔,等.中国3D打印混凝土技术应用历程与趋势[J].建筑科学与工程学报,2021,38(5):1-14.

[4] GOSSELIN C, DUBALLET R, ROUX P, et al. Large-scale 3D printing of ultra-high performance concrete-a new processing route for architects and builders[J]. Materials & Design, 2016, 100:102-109.

[5] JI G, DING T, XIAO J, et al. A 3D Printed Ready-Mixed Concrete Power Distribution Substation: Materials and Construction Technology[J]. Materials, 2019, 12(9).

[6] PLESSIS A D, BABAFEMI A J, PAUL S C, et al. Biomimicry for 3D concrete printing: a review and perspective[J]. Additive Manufacturing, 2020.

[7] 段珍华,刘一村,肖建庄,等.混凝土建筑3D打印技术工程应用分析[J].施工技术(中英文),2021,50(18):15-20.

[8] 冯鹏,张汉青,孟鑫淼,等.3D打印技术在工程建设中的应用及前景[J].工业建筑,2019,49(12):154-165,194.

[9] 丁烈云,徐捷,覃亚伟.建筑3D打印数字建造技术研究应用综述[J].土木工程与管理学报,2015,32(3):1-10.

[10] 蔡建国,张骞,杜彩霞,等.3D打印混凝土技术的研究现状与发展趋势[J].工业建筑,2021,51(6):1-8.

[11] CESARETTI G, DINI E, KESTELIER X D, et al. Building components for an outpost on the Lunar soil by means of a novel 3D printing technology[J]. Acta Astronautica, 2014, 93:430-450.

[12] FIGUEIREDO S C, COPUROGLU O, SCHLANGEN E. Effect of Viscosity Modifier Admixture on Portland Cement Paste Hydration and Microstructure[J]. Construction and Building Materials, 2019, 212:818-840.

[13] MA G W, LI Z J, WANG L, et al. Mechanical Anisotropy of Aligned Fiber Reinforced Composite for Extrusion-based 3D Printing[J]. Construction and Building Materials, 2019, 202:770-783.

[14] HOU S D, DUAN Z H, XIAO J Z, et al. A Review of 3D Printed Concrete: Performance Requirements, Testing Measurements and Mix Design[J]. Construction and Building Materials, 2020, 273.

[15] XIAO J Z, LIU H R, DING T. Finite Element Analysis on the Anisotropic Behavior of 3D Printed Concrete Under Compression and Flexure[J]. Additive Manufacturing, 2021, 39.

[16] FIGUEIREDO S C, RODRIGUEZ C R, AHMED Z Y, et al. An Approach to Develop Printable Strain Hardening Cementitious Composites [J]. Materials and Design, 2019, 169.

[17] 赵世颖，李滢，康晓明，等．再生微粉混凝土抗冻性能试验研究［J］．工业建筑，2020，50（11）：112-118，96.

[18] 崔凤英，李晓薇．3D打印路径规划研究［J］．青岛科技大学学报（自然科学版），2020，41（2）：101-105.

[19] MECHTCHERINE V, NERELLA V N, WILL F, et al. Large scale Digital Concrete Construction- CONPrint 3D Concept for On-site, Monolithic 3D printing [J]. Automation in Construction, 2019, 107.

[20] PANDA B, UNLUER C, TAN M J. Extrusion and Rheology Characterization of Geopolymer Nanocom posites Used in 3D Printing [J]. Composites Part B：Engineering, 2019, 176.

[21] 蔡志楷，梁家辉．3D打印和增材制造的原理及应用［M］．北京：国防工业出版社，2017.

[22] 余振新．3D打印技术培训教程：3D增材制造（3D打印）技术原理及应用［M］．广州：中山大学出版社，2016.

[23] 周伟民，闵国全．3D打印技术［M］．北京：科学出版社，2016.

[24] 肖绪文，田伟，苗冬梅．3D打印技术在建筑领域的应用［J］．施工技术，2015，44（10）：79-83.

[25] 程碧华，汪霄，潘婷．3D打印技术在建筑领域的应用及问题探析［J］．科技管理研究，2018，38（7）：172-177.